"强国少年"书系

ZHE JIUSHI
WOMEN DE
GUO ZHI
ZHONGQI

这就是我们的国之重器

《知识就是力量》杂志社 ◎ 编著

编委会

主　编：郭　晶
副主编：何郑燕
成　员（排名不分先后）

撰　文：	钱　航	张露文	庞之浩	焦维新	邹洪瑶	袁　懋	张君波
	刘明君	张真源	黄玉玺	吴　霜	赵　芸	张　鑫	张　雄
	黄　磊	吴泽生	杨志平	彭永桂	孙　珂	李明熹	郭　静
	曹美春	李　强	杨　思	荆　锐	武建华		
编　辑：	江　琴	李银慧	胡美岩	李　静			

海峡出版发行集团　福建科学技术出版社
THE STRAITS PUBLISHING & DISTRIBUTING GROUP　FUJIAN SCIENCE & TECHNOLOGY PUBLISHING HOUSE

图书在版编目（CIP）数据

这就是我们的国之重器 /《知识就是力量》杂志社
编著. -- 福州：福建科学技术出版社, 2025.7.
ISBN 978-7-5335-7534-2

Ⅰ. N12-49

中国国家版本馆CIP数据核字第2025LW4274号

出 版 人　郭　武
责任编辑　李国渊　夏丹丹
装帧设计　黄　丹
责任校对　林峰光　王　钦

这就是我们的国之重器

编　　著	《知识就是力量》杂志社
出版发行	福建科学技术出版社
社　　址	福州市东水路76号（邮编350001）
网　　址	www.fjstp.com
经　　销	福建新华发行（集团）有限责任公司
印　　刷	福建省金盾彩色印刷有限公司
开　　本	720毫米×1020毫米　1/16
印　　张	9.75
字　　数	107千字
版　　次	2025年7月第1版
印　　次	2025年7月第1次印刷
书　　号	ISBN 978-7-5335-7534-2
定　　价	38.00元

书中如有印装质量问题，可直接向本社调换。
版权所有，翻印必究。

序

作为一名从事航天事业六十余载的老兵,当我翻开这本书时,那些熟悉的国之重器让我心潮澎湃。这些成就,凝聚着几代科技工作者的心血,如今能以如此生动的方式呈现给青少年,让我由衷欣慰。

1957年,我从北京航空学院(现北京航空航天大学)毕业后,加入刚成立不久的国防部第五研究院工作,投身中国航天事业的拓荒岁月。1962年,我国自行设计的首枚导弹"东风二号"发射失败,这让我们深刻认识到:核心技术必须掌握在自己手中。经过两年奋战,1964年"东风二号"成功发射,同年10月,我国第一颗原子弹爆炸成功。1966年,两弹结合成功。这些突破奠定了中国航天事业的基石,也铸就了中国科技工作者的精神丰碑。

本书不仅展示了"天舟七号"太空快递、"天和"核心舱太空居所、"羲和号"太阳观测等航天成就,更传递着中国科技工作者的精神密码:是"中国天眼"FAST选址12年的执着,南仁东团队踏遍贵州300多个喀斯特洼地,只为找到最理想的观测环境;是"奋斗者"号深潜万米的勇气,在马里亚纳海沟11034米的深度,承受着每平方厘米1.1吨的巨大压力;是港珠澳大桥"中国结"的创新智慧这座世界最长的跨海大桥,创造了多项世界纪录。这些重器背后,是无数科研人员"坐冷板凳"的坚守,是"敢闯无人区"的精神写照。

特别令我感动的是,书中那些充满中国韵味的名字:"羲

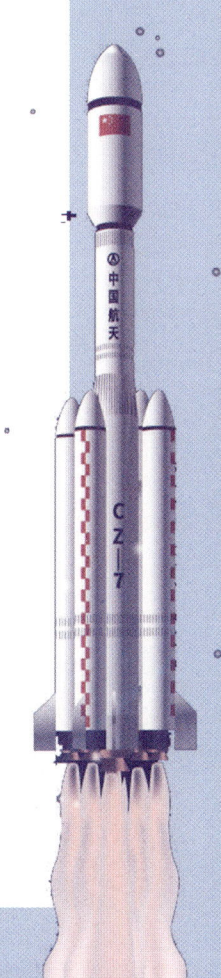

和"、"祝融"……这些名字不仅是中国科技的"名片",更承载着"爱国、创新、求实、奉献"的科学家精神。

如今虽已至耄耋之年,我仍常去航天城与年轻人探讨技术,去学校讲述航天故事。因为我知道,知识就是力量,科技强国需要代代相传:"东方红一号"团队平均年龄不到 30 岁,"天问"团队核心多是 80 后、90 后……国之重器从不是天上掉下来的,而是靠每一个"今天"的积累。

亲爱的朋友们,科学的星空浩瀚无垠,去追问吧,哪怕问题看似稚嫩;去探索吧,哪怕前路布满荆棘;去实践吧,哪怕经历千百次失败。今天的每一次好奇发问,都可能孕育明天的"国之重器";今天的每一份执着坚持,终将浇灌出属于你们的"星辰大海"。

知识就是力量,愿你们永葆这份探索的热情,在追寻真理的道路上勇往直前!

2025 年夏于北京

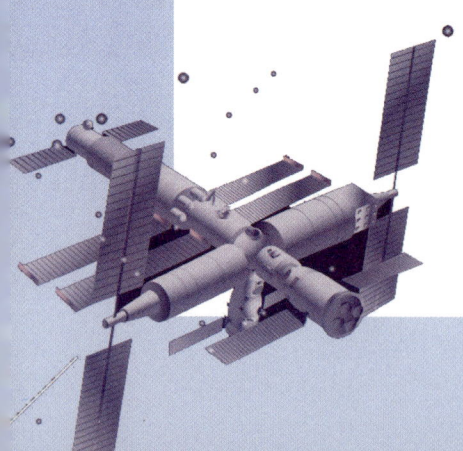

目 录

第一章 | 逐梦航天 ... 1
走近"太空快递小哥"——天舟七号货运飞船 ... 2
欢迎来到中国的"太空之家"——天和核心舱 ... 10
太阳"摄影师"——羲和号的探日之旅 ... 16
火星上的中国印迹——祝融号 ... 20

第二章 | 凝视星河 ... 27
环视苍穹的大阵——千眼天珠 ... 29
给星星做普查——郭守敬望远镜 ... 36
太空中的龙虾眼——爱因斯坦探针卫星 ... 44
"观天巨眼"——"中国天眼" ... 50

第三章 | 挺进深蓝 ... 59
跟着深海"的士"去寻宝——"奋斗者"号 ... 60
走近海底擎天柱——"海基一号" ... 68
移动的"海洋牧场"——国信1号 ... 72
探索海底"生命绿洲"——深海原位实验室 ... 76

第四章｜基建奇迹 83

伶仃洋上的美丽项链——港珠澳大桥 84
浪奔潮涌间筑起的超级工程——深中通道 92
"远水解了近渴"——南水北调工程 98
世界水电技术的"珠穆朗玛峰"——白鹤滩水电站 106
穿越"地质博物馆"的铁路——新成昆铁路 115

第五章｜科技前沿 123

地球的"数字孪生兄弟"——"寰" 124
中国"名片"——"华龙一号"核电站 132
揭秘"深藏"地下的实验室——
江门中微子实验装置 142

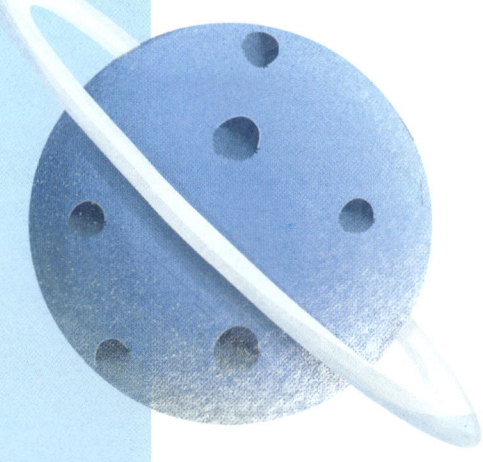

第一章
逐梦航天

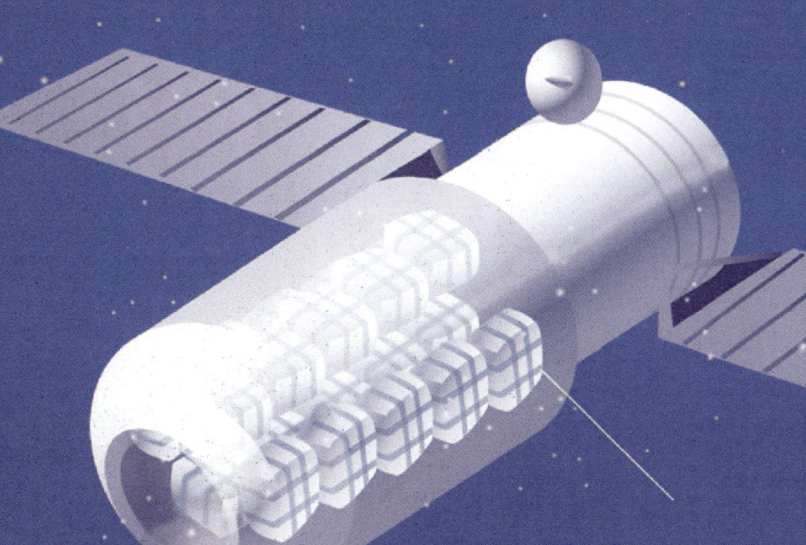

走近"太空快递小哥"
——天舟七号货运飞船

◎撰文/钱航 张露文（北京宇航系统工程研究所）

2024年1月17日22时27分，乳白色的长征七号遥八运载火箭搭载天舟七号货运飞船（以下简称"天舟七号"），从海南文昌航天发射场准时点火升空。火箭宛若一条白色巨龙，腾空而起，破雾穿云，把天舟七号送往中国人的"太空家园"。这是中国载人航天工程2024年的首次任务。

长征七号：空间站的"火箭专列"

从 2017 年 4 月 20 日，长征七号运载火箭成功发射天舟一号货运飞船以来，这是两位"老搭档"的第 7 次合作。

名字有深意

中国人用"长征"来命名自己研制的火箭型号，既有纪念长征这场伟大战略转移之意，也是中国航天人时刻自我警醒：在星辰大海的征途上，探索永无止境。

稳

作为我国新一代高可靠性、高安全性、无毒、无污染的中型运载火箭，长征七号运载火箭在研制过程中，是按照载人火箭的可靠性标准设计的，它最大的特色就在于"稳"。

一般卫星发射入轨后，若位置略有偏差，可以慢慢调整，但是天舟货运飞船要与高速运行（7.8 千米/秒）的空间站对接，是对其入轨精度和可靠性的双重考验。为此，长征七号运载火箭通过迭代制导控制，二子级火箭能根据实际情况随时修正航向，将天舟货运飞船送到设定位置。

载荷大

长征七号运载火箭是为搭载天舟货运飞船，满足中国空间站"送货"的需求而量身研制的新一代中型运载火箭，其近地轨道运载能力达 14 吨，被人们亲切地称为空间站的"火箭专列"。

长征七号运载火箭正开展5.2米整流罩的研制工作，将提高载荷适应范围，充分发挥火箭能力。未来，长征七号运载火箭将继续执行空间站货运飞船发射任务，以每年1~2次的发射频率为中国空间站正常运转提供物资保障。

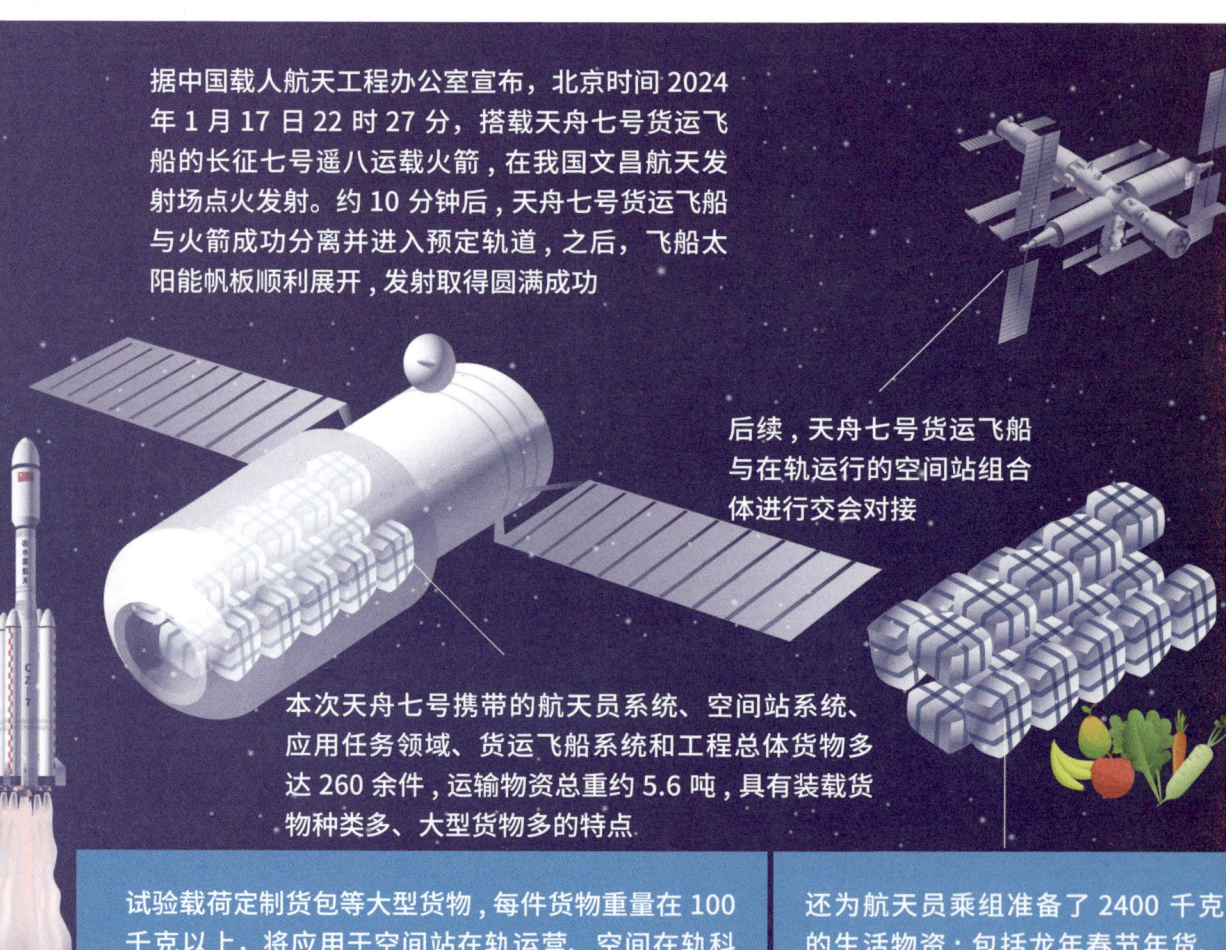

据中国载人航天工程办公室宣布，北京时间2024年1月17日22时27分，搭载天舟七号货运飞船的长征七号遥八运载火箭，在我国文昌航天发射场点火发射。约10分钟后，天舟七号货运飞船与火箭成功分离并进入预定轨道，之后，飞船太阳能帆板顺利展开，发射取得圆满成功

后续，天舟七号货运飞船与在轨运行的空间站组合体进行交会对接

本次天舟七号携带的航天员系统、空间站系统、应用任务领域、货运飞船系统和工程总体货物多达260余件，运输物资总重约5.6吨，具有装载货物种类多、大型货物多的特点

试验载荷定制货包等大型货物，每件货物重量在100千克以上，将应用于空间站在轨运营、空间在轨科学试验以及航天员生活保障

还为航天员乘组准备了2400千克的生活物资：包括龙年春节年货、新鲜果蔬大礼包等

天舟七号"开箱"

天舟七号是个携带了约5.6吨物资的大家伙,也是当时世界上货物运输能力最大、货运效率最高、在轨支持能力最全的货运飞船。

那么,天舟七号里面到底都装了些什么?

实验装置

在本次空间应用系统任务中,共计上行有61件物品,它们将被转运至空间站实验设施内,开展空间生命科学、空间材料科学、微重力流体物理研究与燃烧科学等共计33项科学实(试)验。

春节大礼包

神舟十七号乘组在"太空家园"度过龙年春节时,天舟七号给他们送去了年夜饭——饺子、桂花芝士年糕、八宝饭,还有寓意"十全十美"的八珍鸡、老汤牛肉等十大菜肴。

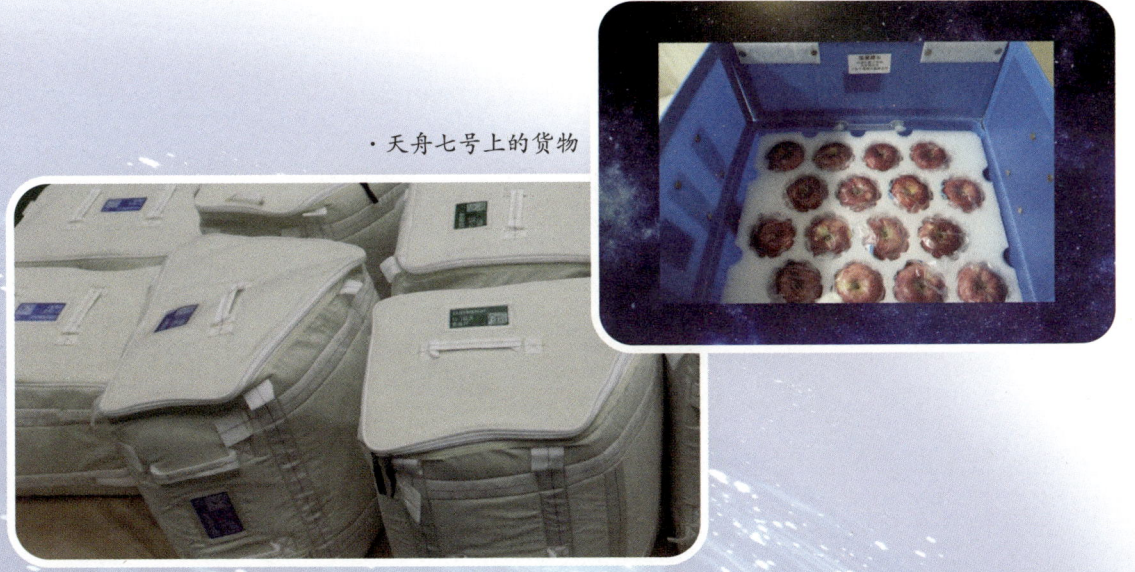

·天舟七号上的货物

·神舟十七号乘组享用年夜饭并拜年

航天员长期在轨飞行,新鲜水果是最受他们欢迎的食物,得益于天舟七号装载能力的大幅提升,这次还运送了将近90千克新鲜水果。

天舟七号里藏着的"小心机"

在空间站建造阶段初期,供电插座一旦发生熔断器熔断,只能整机更换,由航天员将供电插座带回地面并返厂维修。这种维修方式成本高、周期长,随着空间站内空间科学实(试)验逐步增加,已不能适应载人航天的新需求。而天舟七号携带上天的新型供电插座,具备在轨独立更换熔断器的功能。航天员在轨维修时,就像拧螺丝钉一样简便。

为什么选在海南文昌发射?

海南文昌航天发射场,是继甘肃酒泉、山西太原、四川西昌航天发射场之后,我国的第4个陆地航天发射场,也是我国首个低纬度滨海发射基地。那么,文昌航天发射场有哪些优势呢?

地处低纬度节约能耗

发射场离赤道越近、纬度越低,发射时越可以利用惯性产生的离心现象,降低发射所需的能耗,使用同样的燃料到达目的地的用时也更短。

靠近海边更安全

一些发射场在发射火箭时,要临时迁移大批居民,以防止第一级火箭坠落时对当地居民造成伤害。文昌航天发射场靠近海边,火箭发射后第一级火箭坠落于南海,可以避免上述问题,提高残骸坠落的安全性。

火箭运输更便利

公路和铁路运输大型火箭难度大,海南文昌航天发射场地处运输便利的海岸线和优良港口,火箭可以"乘船"从天津整体运输至海南文昌清澜港。

海南文昌航天发射场主要承担地球同步轨道卫星、大吨位空间站、货运飞船、探月工程三期、大质量极轨卫星以及对外发射等服务

交会对接快

天舟七号入轨后，对接于中国空间站核心舱后向端口，形成组合体。与常规6.5小时完成交会对接相比，天舟七号采用了3小时快速交会对接方案，将"快递"提升为"速运"。

相对位置的调整快

得益于技术逐步成熟，技术人员可以在更短的时间内完成飞船和空间站相对位置的调整。此次，通过调整飞船的飞行轨迹，天舟七号与空间站的远距离导引段缩短了一个圈次，时长相应缩减了1.5小时。

不必走走停停

在近距离导引段，减少了近距离飞行流程，避免了走走停停，时长缩短了约2小时。

快速交会对接优势多

3小时快速交会对接方案，可以减少航天员的飞行压力，减少对电池燃料等的需求，提升了任务整体应对故障的能力。

未来，我国将发射与空间站共轨飞行的巡天空间望远镜，开展广域巡天观测；还将适时发射扩展舱段，将中国空间站基本构型由"T"字形升级为"十"字形，扩展舱段包括多个领域的空间科学实验机柜和舱外实验装置；同时，也将升级航天员在轨防护、锻炼、饮食、卫生等设施设备……让我们一起期待"太空家园"更多好消息吧！

知识拓展

天舟货运飞船飞行频次降低了

以往每个飞行乘组出发前，都会先发射一艘货运飞船，为即将启程的航天员乘组备好物资。天舟七号为在轨的神舟十七号和后续的神舟十八号两个乘组运送补给物资。今后，天舟货运飞船的发射频次也将调整为两年三发，这是为什么呢？

物资很充足：据介绍，现在空间站物资很充足，不仅可以支持正常的航天员驻留、平台的维护升级以及在轨大规模实验任务开展，还可以在紧急情况下额外支持航天员驻留3个月。

货运飞船"升级"：发射频次的降低，得益于天舟货运飞船装载量的提升——从原来的标准型货运飞船升级为改进型的货运飞船，其装载的空间和装载的质量都提升了20%以上，一次运的货物数量比之前要多。

可精准补货：我国载人航天工程已经建立了天地联动的物资信息系统，研发了物资设计寿命和设计使用模型。随着数据的累积，模型越来越精确，可对后续需求进行精准预估，做到精准补货——缺什么就补什么，不少带也不多带。

空间站可"自给自足"：中国空间站的可再生生命保障系统完全正常在轨运行：在轨的氧气的再生可以达到100%；水的再生达到95%，这种补给效率可以大大降低上行载荷的质量。

欢迎来到中国的"太空之家"
——天和核心舱

◎文图 / 庞之浩（全国空间探测技术首席科学传播专家）

2021年4月29日，中国在海南文昌用长征五号B遥二运载火箭成功将天宫空间站的第一个舱段——天和核心舱送入预定轨道，宣告了中国空间站在轨组装建造全面展开。天和核心舱长什么样子，搭载了哪些"黑科技"产品？让我们一起来走进中国的"太空之家"——天和核心舱。

中国建造的第一座空间站——天宫空间站是多舱式空间站。它以天和核心舱、问天实验舱和梦天实验舱为基本构型。如果神舟飞船是一辆轿车，天宫一号和天宫二号就相当于一室一厅的房子，而空间站则是三室两厅还带储藏间，算是"豪宅"了。

太空中的新家

天和核心舱是当时中国研制的最大航天器，也是天宫空间站的关键舱段。它就如大树的树干，其余舱段都会安装在它的接口上，如同大树的根、枝、叶，不断向外延伸。

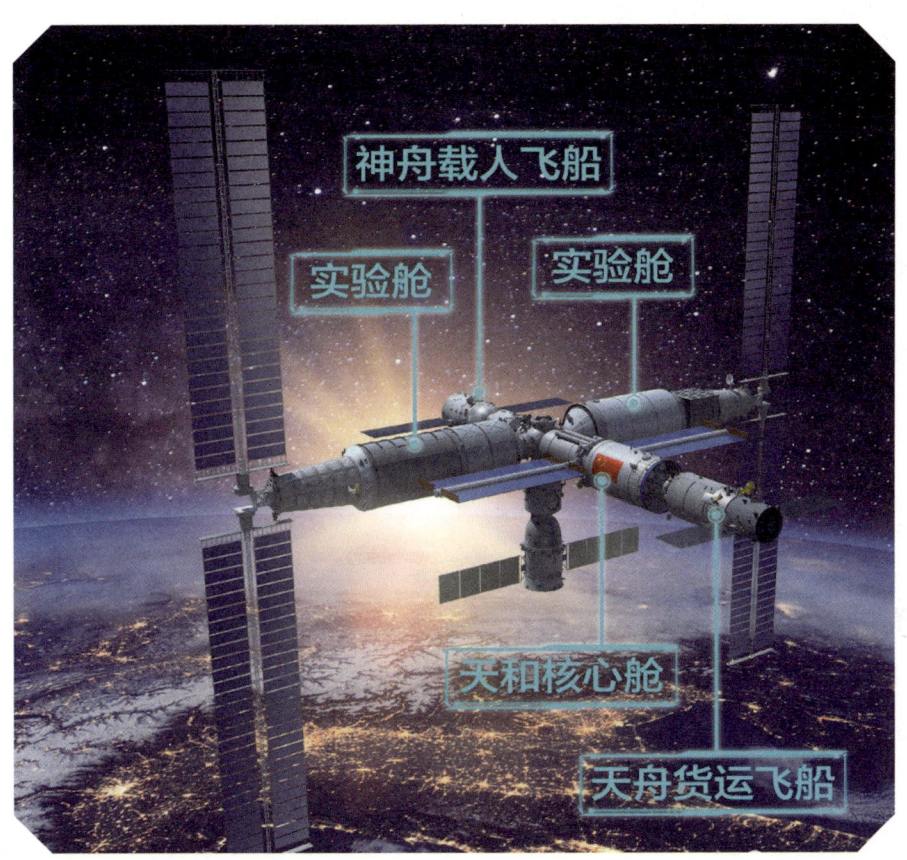

· 天宫空间站在轨飞行示意图

·天和核心舱实景图

该核心舱有一个庞大的躯体和结实的身板，它全长16.6米，最大直径4.2米，发射质量22.5吨，可同时容纳3名航天员长期在轨驻留，并开展舱内外空间科学实验和技术试验。如果把天和核心舱竖直立在地上，它比五层楼房还要高，它的直径比地铁车厢还要宽，它的体积比目前在轨飞行的国际空间站的任何一个舱段都大。其质量相当于三辆大客车的空载质量，同样也比国际空间站上的任何一个舱段的质量都大。

天和核心舱这个敦实的大家伙主要用于统一管理和控制天宫空间站组合体，支持实验舱、载人飞船和货运飞船等飞行器与其交会对接和在轨组装，提供航天员的生活和工作场所，具备接纳航天员长期访问和物资补给的能力，同时支持部分学科的科学研究，配置大机械臂，具有气闸舱功能。

在太空也能做运动

为了让航天员在太空中长期生活得更加舒适，天和核心舱在设计上较过去有很大突破，供航天员工作生活的活动空间约50立方米，对接上两个实验舱后，航天员的活动空间能够达到110立方米。所以，在这个太空"观景别墅"住着很舒服。

天和核心舱由节点舱、生活控制舱、后端通道和资源舱组成。其中生活控制舱是航天员的主要活动区域。

生活控制舱按直径大小分小柱段和大柱段，直径较大的大柱段相当于书房、餐厅和健身室，是航天员工作、就餐和锻炼的地方；直径较小的小柱段有三个卧室，能够保证长期驻留的每名航天员都有独立的睡眠空间，还有1个专用卫生间。

· 天和核心舱，舱内实景图

"书房"里有科学仪器、通信设备、计算机系统;"餐厅"内有微波炉、冰箱、饮水机和折叠桌;"健身室"内有太空跑台、太空自行车、抗阻拉力器等健身器材。另外,还有消防系统、空气处理系统、空调和Wi-Fi等,可谓设施齐备,一应俱全。

"黑科技"为天和保驾护航

为了适应特殊的环境和任务,随天和核心舱发射升空的还有许多"黑科技"产品。

"最佳助理":在小柱段外围配置有一部承载力达25吨的10米长"七自由度大型空间机械臂"。它有爬行移动功能,所以大而不笨,比较灵活。无论是舱段转位、大设备的移动,还是航天员自身移动,都可用该机械臂完成,是辅助航天员工作的"最佳助理"。

超级"净化器":为了让航天员实现更久地在轨停留,天和核心舱配备了完整的再生式生命保障系统。航天员呼出的水蒸气会通过冷凝水方式回收净化,排泄的尿液也会回收净化,重新作为饮用水和生活用水使用,以及用于电解制氧。

· 天和核心舱在轨展开太阳能电池翼

未来，电解制氧时产生的氧气与航天员呼出的二氧化碳，将通过化学反应生成水，这也能够降低水的补给需求。

能量"翅膀"：太阳电池阵是航天器在轨的主要能量来源，天和核心舱使用的大型柔性三结砷化镓太阳电池阵，它全部收拢后只有一本书那么厚，仅为刚性太阳能电池翼的1/15。与传统刚性、半刚性的太阳能电池翼相比，这种柔性翼体积小、展开面积大、功率重量比高，单翼即可为空间站提供9千瓦的电能，在满足舱内所有设备正常运转的同时，也完全可以保证航天员在空间站中的日常生活使用。

古有鲲鹏展翅飞，今有"天和"游九霄。2022年，中国还发射了问天实验舱和梦天实验舱与天和核心舱对接，建成了较为完整的中国空间大厦。从2023年起，中国空间站进入为期10年以上的应用与发展阶段。

太阳"摄影师"
——羲和号的探日之旅

◎撰文 / 焦维新（北京大学地球与空间科学学院）

中国首颗太阳探测科学技术试验卫星的名字叫"羲和号"。从2021年10月14日成功发射升空后，羲和号这位太阳的专属"摄影师"便开启了一段奇妙的旅程。它给我们带来了关于太阳的哪些信息呢？让我们一起去看看吧！

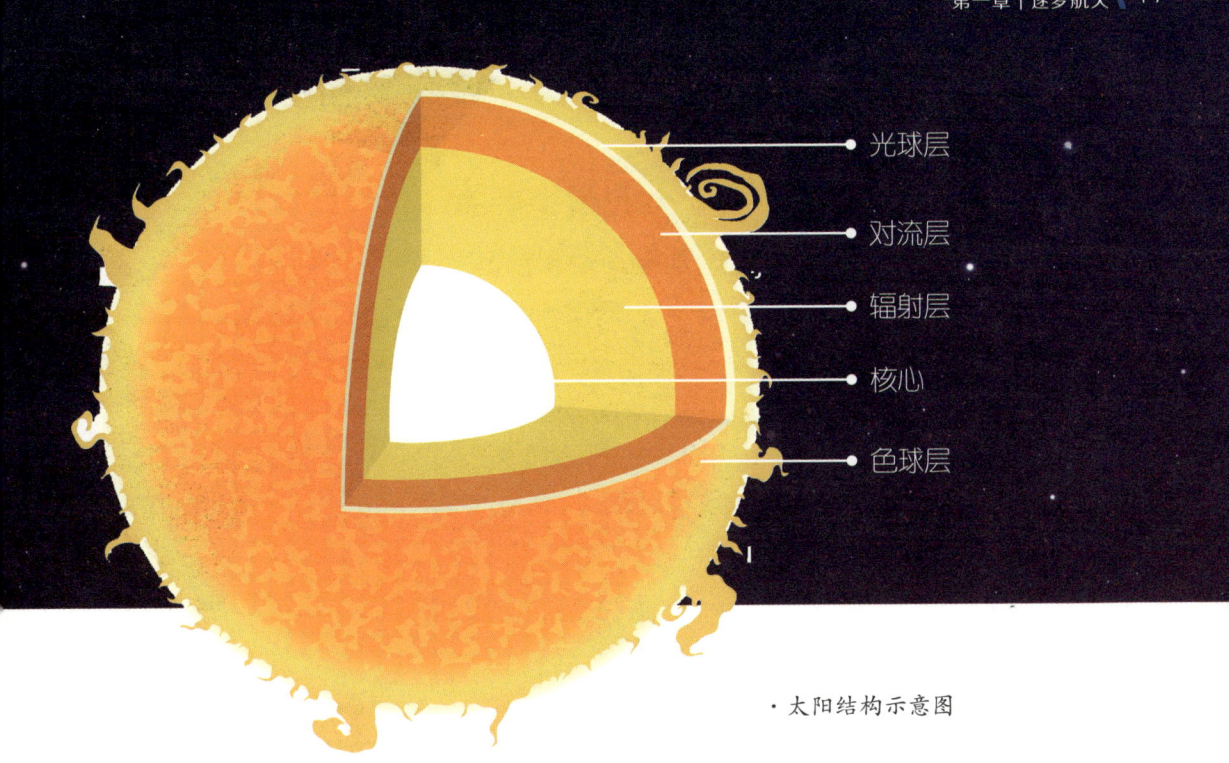

· 太阳结构示意图

拍照又准又稳

羲和号在新型卫星技术试验方面获得了 3 项国际首次,即:首次实现了主从协同非接触超高指向精度、超高稳定度卫星平台技术在轨性能验证及工程应用;首次实现了太阳空间氢阿尔法(Hα)成像光谱仪在轨应用;首次实现了原子鉴频太阳测速导航仪在轨验证。

在太空中,卫星载荷每发生一次细微振动,都会让其成像效果相差很大。超高指向精度、超高稳定度卫星平台相关技术的成功应用,打破了传统卫星平台出现细微振动时难以观测的窘境。

羲和号采用磁浮控制技术,将卫星平台与载荷彻底隔绝,以此来确保卫星载荷的成像不受平台发生振动的影响,这使羲和号这位"摄影师"的拍照成像效果更加精准、稳定。

知识拓展

羲和号小档案

2021年10月14日18时51分，中国在太原卫星发射中心采用长征二号丁运载火箭，成功发射首颗太阳探测科学技术试验卫星羲和号，实现了中国太阳探测"零"的突破，标志着中国正式步入空间"探日"时代。

羲和号卫星是一颗太阳探测科学技术试验卫星，运行于距离地面517千米的太阳同步轨道。在这个轨道上，卫星能够连续24小时对太阳进行观测，实现国际首次太阳氢阿尔法波段光谱成像的空间探测，填补太阳爆发源区高质量观测数据的空白。

羲和号可观测太阳耀斑和日冕活动，探究太阳爆发的动态特性和触发机制；研究太阳低层大气动力学过程，为解决"太阳爆发由里及表能量传输全过程物理模型"等科学问题提供重要支撑。

该技术的应用将中国卫星平台的姿态控制水平提升到了一个新的数量级，达到了国际领先水平。未来，超高指向精度、超高稳定度卫星平台相关技术的不断应用，将会进一步助力中国航天在探索浩瀚宇宙中取得跨越式发展。

给太阳做扫描

羲和号在太阳科学探索领域取得2项突破，即：实现了国际上第一次空间太阳氢阿尔法波段光谱扫描成像；第一次在轨取得了氢阿尔法谱线、硅一（SiⅠ）谱线和铁一（FeⅠ）谱线的精细结构。

此次获得的太阳氢阿尔法波段光谱扫描成像分辨率达到了纳米级，其光谱扫描图像包含的数百张照片，分别对应色球层和光球层不

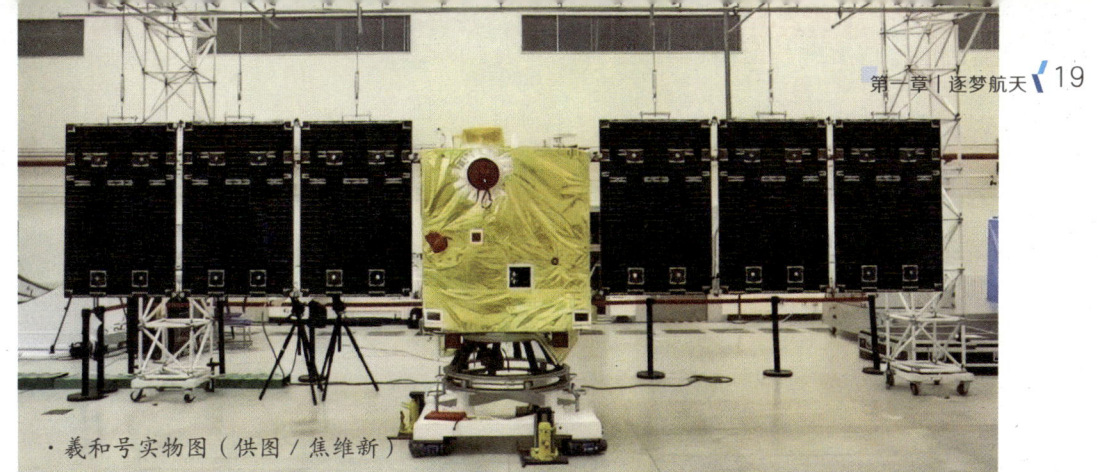

·羲和号实物图（供图／焦维新）

同高度处的太阳图像，这如同由内到外对太阳进行了扫描。通过一次扫描（时间小于 60 秒），可以获得日面上近 1600 万个点的光谱信息，从而反演出极高精度的光球多普勒速度场，便于研究人员研究太阳活动的物理演变过程。

"出差"不到一年时间，羲和号就取得了以上 5 项具有重大意义的研究成果，这些成果对于人类后续的"探日"任务以及提升中国在空间科学领域的国际地位具有显著作用。中国作为航天大国，"探日"工程是中国航天事业中的重要一环，羲和号不仅是中国"探日"时代的开端，也将继续在中国的"探日"之旅上发光发热，为我们带来更多有价值的太阳的信息。

什么是太阳氢阿尔法（Hα）谱线

太阳氢阿尔法（Hα）谱线是研究太阳活动在光球层和色球层响应时最好的谱线之一，对该谱线进行数据分析可获得太阳爆发时的大气温度、速度等物理量的变化，为研究其动力学过程和物理机制提供支持。

火星上的中国印迹——祝融号

◎ 撰文 / 邹洪瑶（吉林省科技馆）

2022年9月18日，国际宇航联合会在第73届国际宇航大会开幕式上，将2022年度"世界航天奖"授予中国天问一号火星探测团队。该奖项是国际宇航联合会年度最高奖。

2021年5月15日，天问一号着陆巡视器成功着陆于火星北半球的乌托邦平原预选着陆区。这标志着中国首次实现地外行星软着陆，红色火星第一次留下了中国印迹。中国第一台火星车祝融号已累计行驶2009米，它有哪些发现呢？让我们来看看它的故事吧。

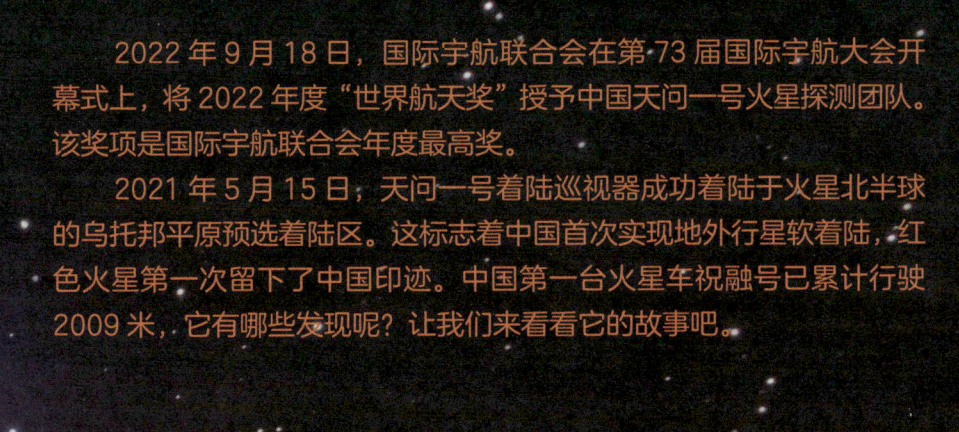

祝融简介

祝融是一辆来自中国的火星车。虽然它是火星探测领域的新秀,但无论个头还是能力,都不输前辈们。祝融身高 185 厘米,体重 240 千克。它抵达火星后,为人类传回了大量有关火星的数据,这些资料帮助科研人员揭开了许多关于火星的秘密。

祝融"生命"的意义

几千年前,人类就开始仰望星空,一颗微微泛红的星星格外闪亮,那就是火星。中国古人不仅注意到火星的颜色,还观察到其"不规律"的运行轨迹,故而取名"荧惑",意为荧荧如火,行踪不定。

随着行星探测技术日益成熟,人类对火星有了新认识。火星是太阳系中与地球最相似的行星,它有着和地球近似的自转周期和自转轴倾角,有两极、分四季,且与地球有着相似的地貌特征——山

火星

夜空中的火星（图片来源/NASA）

脉和峡谷。于是，人类产生疑问：火星上存在生命或曾经有生命存在吗？这也正是祝融"生命"的意义——踏上火星，帮人类找寻这个问题的答案，因为火星的环境或许关系到地球的过去与未来。

祝融的火星之旅

2020年7月23日，祝融和此次旅行唯一的同伴天问一号火星探测器，一同在海南文昌发射场升空。历经长达6个多月的飞行后，它们终于进入预定的火星轨道，3个月后，祝融告别天问一号，降落到火星北半球的乌托邦平原。

这个着陆地点是科研人员精心挑选的。火星南北半球地形差异较大，南半球地表形成较早，撞击坑较多，地貌崎岖；而北半球的地表由最近几亿年的火山活动形成，相对平坦，所以历史上大部分的火星车都会选择在火星的北半球着陆。

火星上有水存在吗？

水是生命之源，在地球之外的星球上发现水，哪怕只是水的痕迹，都足以让人类兴奋。面对被红色土壤覆盖的火星，该去哪里寻找水的痕迹呢？早在几年前，人类就已证实火星的南极冰盖下存在咸水湖。但火星地表之下是什么样的？地表之上是否曾经有水存在过呢？

祝融着陆后已在火星上行进了2009米，通过随身携带的次表层探测雷达获得大量数据。科研人员依据这些数据绘制出乌托邦平原的

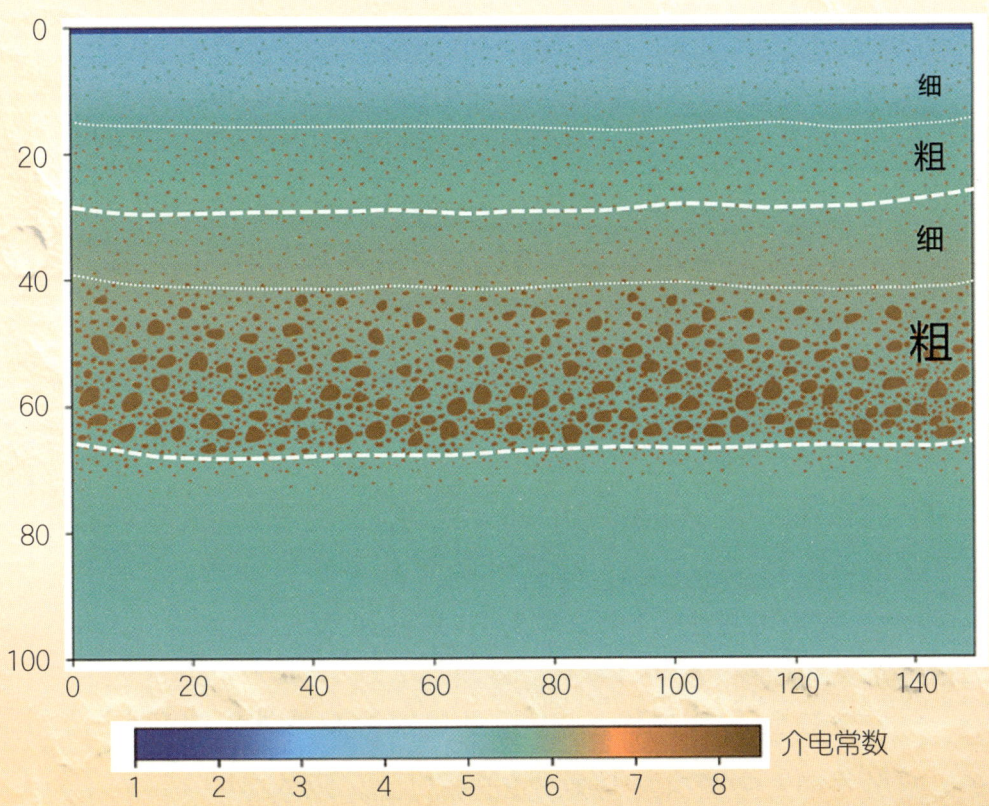

· 火星浅表土层结构（供图／邹洪瑶　图片来源／国家航天局）

浅表结构，通过分析 80 米之上的高精度结构分层图像，发现土壤层下的沙石沉积有从下到上、由粗到细的分布规律。这表明火星上很有可能出现过短时的洪水！

这就如同人类摇晃一杯沙石和水的混合物,随着水面稳定,较大的石头颗粒会沉入下层,而较细微的沙子会在上层。

此外,祝融还发现着陆区地表硬壳裸露较多,且有些区域的摩擦系数较低,这意味着这些区域地表比较光滑,除了风沙磨蚀地表的原因,水的长期作用也可使裸露的地表变得光滑。这一点,联想河边光滑的鹅卵石便能理解。

不过,祝融此次并未探测到乌托邦南部平原现今是否存在地下水或水冰(由水或融水在低温下固结的冰)。低频雷达成像结果排除了巡视路径下方0—80米深度范围内有富水层的可能性。同时,热模拟结果也进一步表明,液态水、硫酸盐或碳酸盐卤水难以在着陆区地下100米之内稳定存在。不过,目前无法排除盐冰存在的可能性。

无论是寻觅生命之源——水,还是探寻有关外星生命的蛛丝马迹,祝融号都是中国探索火星的重要推动力。相信在未来,它将为人类带来更多有关火星的奥秘。

第二章 凝视星河

环视苍穹的大阵
——千眼天珠

◎文图/袁懋(中国科学院国家空间科学中心)

2023年9月27日,我国又一个大国重器——稻城太阳射电望远镜正式建成,开始履行国家赋予它的光荣使命。

高原上的"千眼天珠"

稻城太阳射电望远镜（Daocheng Solar Radio Telescope，DSRT）是国家重大科技基础设施"空间环境地基综合监测网"——子午工程二期的主要支撑设备之一。这座射电望远镜有"千眼天珠"的雅号，由中国科学院国家空间科学中心运行管理。"千眼天珠"这个名字是科学设备和民族文化的完美结合。

稻城太阳射电望远镜由313座口径为6米的小型望远镜组成。这些小型单元分布在直径1000米的圆环上，组成了一个观测苍穹的大阵，浪漫的科学家将它们称为"千眼"。

稻城太阳射电望远镜位于四川省甘孜州稻城县海拔约3800米的金珠镇，那里是我国藏族同胞聚居区之一。天珠是高原藏区的一种宝石，又称天眼珠。在藏族文化里，天珠被认为是珍贵的"天降石"，寓意着吉祥美好、健康财运。加之高原上的天线阵俯瞰起来像是一颗颗宝石，因此也有了"天珠"的美丽名称。

由数百个小"锅"组成的望远镜

"千眼天珠"——稻城太阳射电望远镜本质上是一座天文望远镜，观测的电磁波是射电波段。这是一种波长比可见光更长的"光"，我们常见的手机通信、无线网络通信技术（Wi-Fi）工作的频段就是射电波段。

大多数射电天文望远镜是单口径的，也就是只有一个"锅"，例如"中国天眼"FAST（全称为500米口径球面射电望远镜）。但稻城太阳射电望远镜不一样，它是由数百个小"锅"组成的一个观测阵。这种阵列望远镜，天文学上叫作综合孔径望远镜。下图展示了大阵上的部分组成单元——口径6米的小望远镜，它们每一个都可以独立接收宇宙信号。

除了数百个小望远镜单元，大阵的中央还有一个高高的塔，被称为"信号定标塔"。它的作用是什么呢？其实，它有点像交响乐队演

· 不同季节下"千眼天珠"——稻城太阳射电望远镜侧视图。图中每一个单元的抛物面直径都是6米，并配套有信号接收系统

奏前，用双簧管给整个乐队确定基准音。由于各个小望远镜都有自己的信号接收传输系统，因此会出现每个信号的接收时间和信号强度不一致的情况。虽然这些误差极其微小，但是为了保障科学目标的准确性，在观测时由中间的定标塔向所有单元发射一个标准信号，然后根据这个统一的标准信号，来校准所有单元之间的误差，这样来保障系统处于最佳状态。

 给太阳快速"拍个照"

为什么要建造一个由多个小"锅"组成的大阵，而不去建造一个超大单口径望远镜呢？这是出于对科学目标和建造成本的综合考量。

"千眼天珠"——稻城太阳射电望远镜的主要科学目标是监测太阳爆发活动，预警以及追踪太阳爆发对地球航天活动和通信等带来的影响。对太阳进行快速的成像，能动态捕捉太阳的变化。通俗而言，就是给太阳快速"拍照"。稻城太阳射电望远镜最快可以在毫秒（1毫秒=0.001秒）内抓拍到太阳在射电波段内的细微变化。

实现这种全局"拍照"功能的射电望远镜，需要做到两点：一是观测视场足够大，能涵盖观测物体的全部轮廓；二是尽可能提高视场内可分辨的像素点。

视场，简单理解就是望远镜一次观测所能看到的区域大小。而视场大小和望远镜接收信号的"锅"的口径紧密相关，口径越大，视场越小。我们以生活中的常见物品来解释，半径越大的放大镜，焦距越大，越能放大物体的局部，但是看到的视场就越小。你也可以想象，我们用手机拍照，扩大焦距能放大物体的局部，但是看到的范围却小

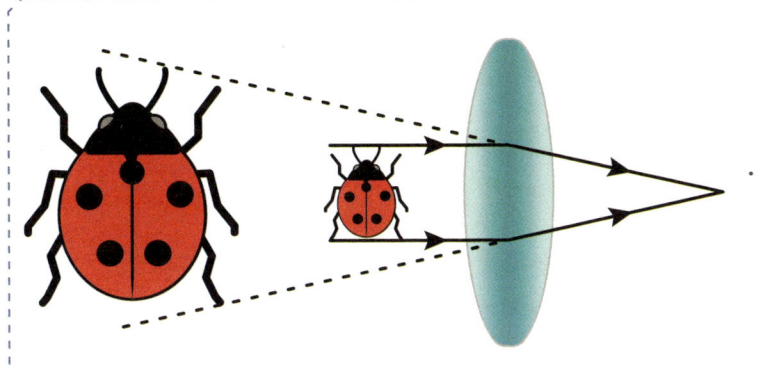

· 放大镜成像示意图。半径越大的放大镜，焦距越大，越能放大物体的局部，但是看到的视场就越小

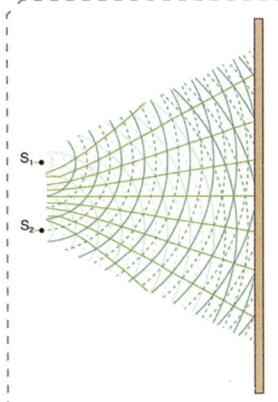  

· 两个点光源发出的光，形成明暗相间的干涉条纹

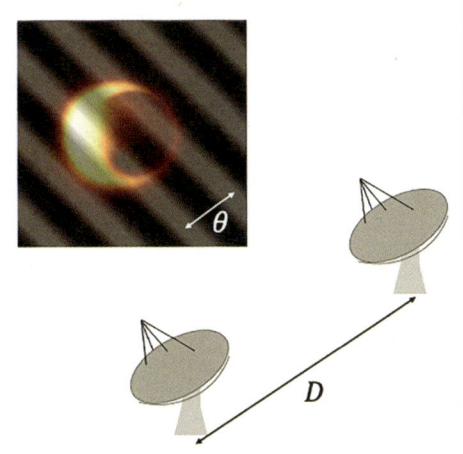 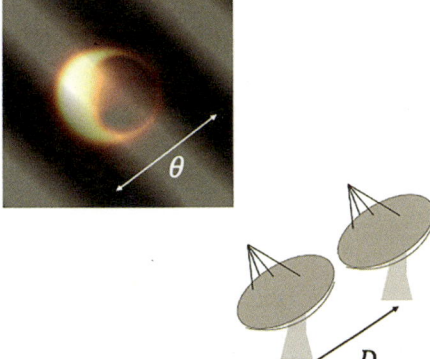

· 望远镜最远间距——基线越大（图中 θ 表示条纹间距，D 表示基线长度），条纹越细，所能还原的点光源也就越精细）

了。此外，小口径的望远镜建造技术相对成熟，成本较低、风险较小。当然，口径越小也就意味着接收到的辐射能量越弱。所以综合科学目标和成本，稻城太阳射电望远镜选择了相对较小的6米口径，使其能有较大的视场。

保证了视场之后，我们需要分辨视场内尽可能多的像素点。天文学上，用角分辨率（成像系统或系统的一个部件的分辨能力）来指代观测精细程度。角分辨率与望远镜可以接收到信号的范围尺度成反比，这与上述放大镜原理类似，尺寸越大，看到的结构越精细。

对于单口径望远镜而言，不论角分辨率是多少，它能看到的都只是这个方向上的一个像素点。而对于阵列而言，信号接收范围则是阵列分布范围的最远距离，这个距离在天文学上被称为基线长度。稻城太阳射电望远镜的基线长度为1千米。

在成像概念里，阵列用到的物理原理是光波干涉。如前图所示，宇宙中，两个点发出的光波在望远镜平面处，会形成明暗相间的干涉条纹。科学家通过对干涉条纹进行处理，就能还原出空间中哪个地方是发出光波的源。望远镜的最大间距越大，条纹越精细，科学家还原出来的辐射光波的点也就越精细，即得到的图像分辨率也就越高。

"千眼天珠"的未来

除了完成日地空间监测任务之外,"千眼天珠"——稻城太阳射电望远镜在不久的将来,还要实现许多宏伟的目标。

到了晚上,稻城太阳射电望远镜就无法看到太阳了,在这十几个小时中,这座大阵会歇息下来等待黎明吗?当然不是,它不仅是白天太阳的"凝视者",同时也是夜间宇宙深空的"巡视员"。稻城太阳射电望远镜的一大优势就是观测视场很大,一次观测就能看清一大片天区,这也就意味着这座大阵可以高效地开展巡天观测。相信在不久的将来,我们就能收到"千眼天珠"巡视宇宙的各种新发现,例如射电脉冲星、快速射电暴、射电星系等。

此外,稻城太阳射电望远镜每个小单元都可以把接收到的信号叠加,所以当天线阵的基线足够长,小单元足够多、足够密集时,叠加起来的信号强度将非常大。而天线阵的升级(例如加长基线、增加单元密度)相对较容易实现,因此,未来"千眼天珠"还会迎来升级,变成名副其实的"千眼"大阵。

凝视红日,巡查深空,让我们一起静待"千眼天珠"大阵的捷报吧!

给星星做普查
——郭守敬望远镜

◎ 撰文 / 张君波（中国科学院国家天文台）

引颈凝视天空的"白天鹅"

从位于北京的中国科学院国家天文台总部出发，驱车大约 2 小时即可抵达位于河北省兴隆县的国家天文台兴隆观测站。这里群山环绕，环境优美，郭守敬望远镜就静静地矗立于此，犹如美丽的白天鹅引颈凝望天空。所有初次见到郭守敬望远镜真容的朋友，都会被它高大的外表震撼，纷纷感叹从未见过造型如此独特的光学望远镜。

郭守敬望远镜"工作时间表"

- 2001 年 9 月　正式开工
- 2008 年 10 月　落成
- 2011 年 10 月　开始为期一年的先导巡天
- 2012 年 9 月　开启正式巡天之旅

· 国家天文台兴隆观测站全景图（摄影／陈颖为）

郭守敬望远镜是我国天文领域的第一个大科学工程项目，它的主要任务是对星星进行"星口"普查。

郭守敬望远镜建在哪里？长什么样子？又为什么叫"郭守敬望远镜"？它的"普查"成果有哪些？让我们一起走近郭守敬望远镜吧！

寓意深远的命名

1276 年，我国元代科学家郭守敬奉命修订历法，发明简仪、高表等 12 种观天仪器。郭守敬制定的《授时历》是当时世界上最先进的一种历法，在古代通行 360 多年，在我国天文史上镌刻下了璀璨的一笔。

2012 年 9 月~2018 年 6 月

完成了为期 5 年的第一期低分辨率光谱巡天。之后用一年时间进行中分辨率测试巡天，探索中分辨率光谱巡天可行性

2018 年 9 月~2023 年 6 月

完成了第二期为期 5 年的光谱巡天，这次开展的是中低分辨率的光谱巡天

2023 年 9 月至今（2025 年 7 月）

开启了第三期中低分辨率光谱巡天

2010年4月17日，大天区面积多目标光纤光谱天文望远镜（LAMOST）正式被冠名为"郭守敬望远镜"。用"郭守敬"来命名LAMOST望远镜意义深远，不仅可以使后人铭记我国古代天文研究史上的辉煌成绩，更可以激励当代人勇攀世界天文研究的高峰。

奇特的光路

郭守敬望远镜造型独特，主要由3根柱形建筑由北向南依次从低到高排列。3根柱形建筑的顶部分别放置着郭守敬望远镜的3个最主要的组成部分：主镜Ma，焦面和主镜Mb。

· 郭守敬望远镜（摄影/陈颖为）

晴朗的夜晚，当夜幕降临时，主镜 Ma 的天文圆顶会被打开，将主镜 Ma 完全暴露在星空之下，焦面附近的焦面大门也会徐徐放倒，使 Ma->Mb-> 焦面之间的光路贯通起来。

本领不凡，多个世界之最

郭守敬望远镜独特的外表似乎也预示着它不凡的本领。确实，郭守敬望远镜自 2008 年建成后便创下了多个世界之最：首次在一个光路里，采用两面大主镜(Ma 和 Mb)；首次在一块主镜（Ma）上，同时应用了薄镜面主动光学和拼接镜面主动光学技术；成为大口径兼大视场光学望远镜的世界之最；焦面上密布 4000 根光纤，理论上一次曝光即可获得 4000 颗天体的光谱；率先在国际上采用并行可控的光纤定位技术，成为当时世界上光谱获取率最高的望远镜，并领跑达 10 年之久。

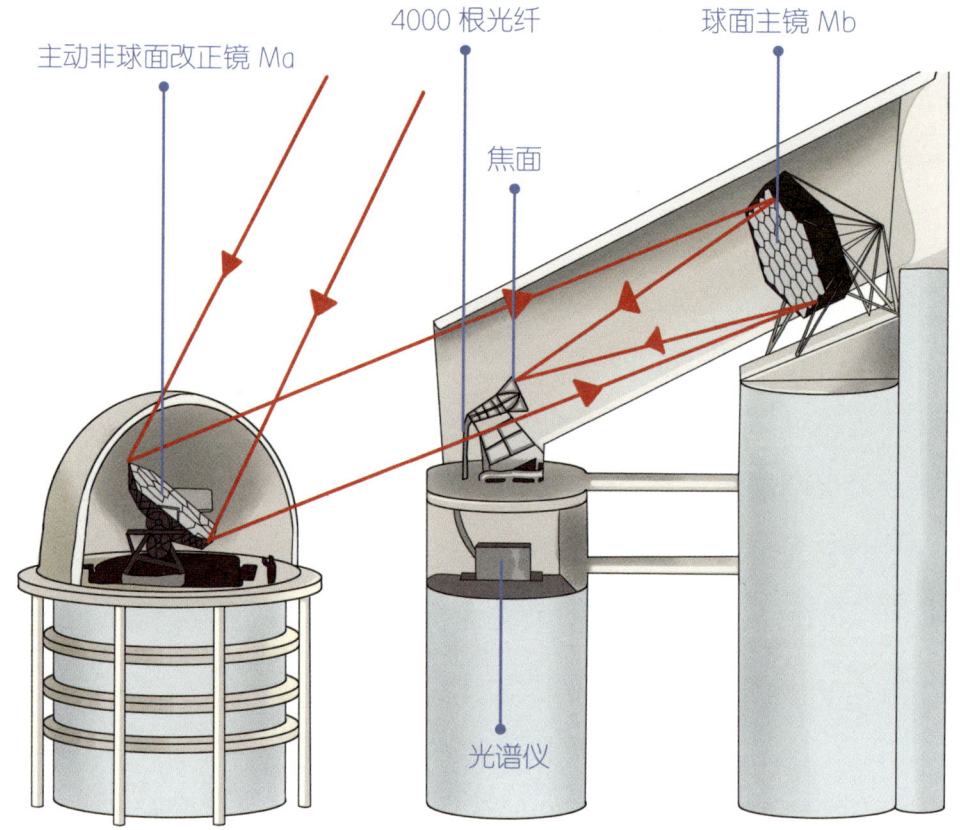

· 郭守敬望远镜光路图（绘图／张玲）

不断创新的建设之路

郭守敬望远镜的建设之路，也是一条不断创新之路。

"取经"之路

在郭守敬望远镜之前，美国的斯隆数字巡天项目是国际上最成功的光谱巡天项目之一，该项目是基于一台 2.5 米口径望远镜开展的，焦面处原本设置 640 根光纤，后来升级成 1000 根光纤。采用焦面板替换的方法切换不同天区,即根据当晚的观测计划,提前在不同的铝板上进行打孔,每块铝板代表望远镜一次可观测的天区,每个小孔对应该天区的一颗星星。白天,工作人员对这些铝板进行插光纤的操作。

推陈出新

在郭守敬望远镜进行焦面设计之初,科学家也曾考虑参考斯隆数字巡天项目的经验,每天制作不同的天区铝板,人工手动插光纤。但该方案很快便被否决掉,代之以更加高效的、环保的并行可控光纤定位技术。

郭守敬望远镜在观测前,4000 根光纤可以在很短的时间内受控精准地"走"到预设的位置。值得骄傲的是,郭守敬望远镜建成后,国外研究人员纷纷来我国学习望远镜建造技术。

·郭守敬望远镜焦面的光纤定位单元

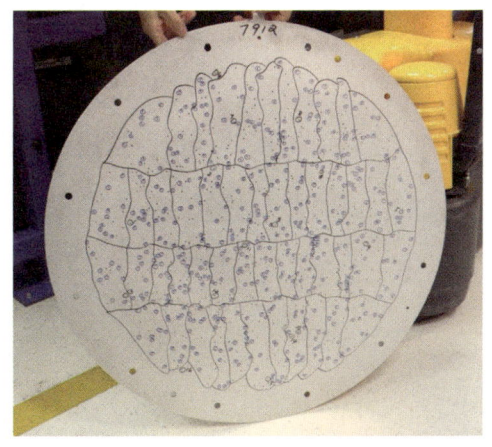
·斯隆数字巡天项目所用的打好孔的铝板

技能值拉满的观天利器

天文学是一门基于观测发展起来的学科,从郭守敬望远镜技能值拉满这一点不难看出,它一定是一柄"观天利器"——基于它的观测数据,已经在很多方面刷新了人们对银河系的认知。

银河系直径新解

郭守敬望远镜建成之前,在人们的传统认知中,银河系的直径约为10万光年。可是,科研人员基于郭守敬望远镜的巡天数据发现,真实的银河系直径要比我们之前认识的大一倍,也就是银河系的直径至少有20万光年。

还原银河系的成长史

我们并不知道银河系早期形成时是怎样的一幅场景,但是科研人员利用郭守敬望远镜观测的光谱数据,结合欧洲航天局盖亚卫星发布的天体观测信息,即恒星位置、距离和运动信息,获得了25万颗恒星精确的年龄,从时间轴上真实地还原出银河系幼年和青少年时期的成长史。

"打捞"银河系里的璀璨珠宝

银河系就像个大宝藏,郭守敬望远镜通过巡天的方式"打捞"里面璀璨的珠宝,发现的奇珍异宝还真不少。例如:它发现了迄今最大的恒星级黑洞,其发现过程表明,利用郭守敬望远镜寻找黑洞大有可为;发现了一颗迄今为止最古老的第二代恒星,推断其第一代恒星是约260倍太阳质量的超大质量恒星,刷新了人们对第一代恒星质量分布的认知；发现了新的系外行星族群——热海星；发现了人类已知锂元素丰度最高的恒星，它被誉为"宇宙最大充电宝"……

不凡的国际影响力

据统计，有来自全球近 200 所科研机构和大学的上千名用户，正在利用郭守敬望远镜产出的数据开展各项研究，他们的科研产出呈井喷式增长。目前，郭守敬望远镜年均产出科研论文超过 200 篇，其中国外天文学家发表的成果占比超过 40%，这也反映出郭守敬望远镜不凡的国际影响力。

为宇宙天体留下宝贵档案

弹指一挥间，郭守敬望远镜自 2012 年正式开启巡天之旅至今，已稳定运行十余载。2019 年，它成为全球首个发布光谱总数超千万的巡天项目，4 年后其获取的光谱数量再翻一倍。2023 年 3 月，它成为国际上率先发布 2000 万量级光谱数据的巡天项目。

郭守敬望远镜发布的恒星参数星表数量，已连续 10 年稳居世界第一，为人类留下了关于银河系，甚至遥远宇宙天体的宝贵档案，成为人类探索宇宙奥秘的不竭宝藏。

在郭守敬望远镜的帮助下，全球天文学家在银河系结构与形成演化、恒星物理的探究、特殊天体和致密天体的搜寻等方面均取得了重大突破性成果。未来，让我们一起期待郭守敬望远镜产出更多令世人瞩目的成绩吧！

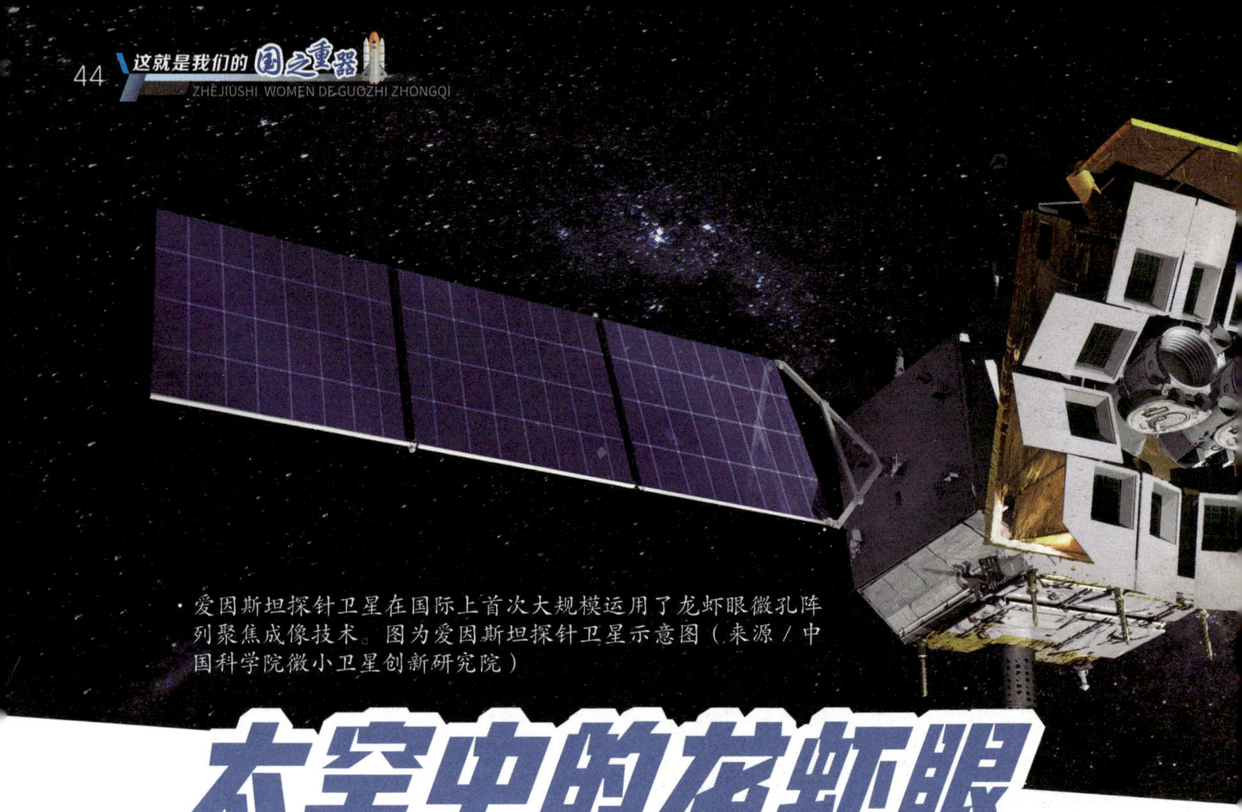

· 爱因斯坦探针卫星在国际上首次大规模运用了龙虾眼微孔阵列聚焦成像技术。图为爱因斯坦探针卫星示意图（来源／中国科学院微小卫星创新研究院）

太空中的龙虾眼
——爱因斯坦探针卫星

◎撰文／刘明君（中国科学院国家天文台）

变幻的宇宙

宇宙如同一个充满活力与变化的舞台，每一刻都在上演着新的剧情。

除了星系并合、宇宙膨胀等长达数十亿年的漫长演化，宇宙中还充斥着大量的暂现天体和剧变天体，例如超新星爆发、双中子星并合、黑洞潮汐瓦解恒星等。它们的亮度能够在年、天甚至秒的时间尺度上，发生数个量级的大幅变化。

此外，不同于我们常见的太阳和群星，很多剧变天体发出的

2024年1月9日15时03分，长征二号丙运载火箭搭载着爱因斯坦探针卫星（Einstein Probe，EP），在西昌卫星发射中心成功发射升空，我国天文领域又多了一件大国重器。

这座运行在距地表600千米高空的X射线天文台，主要用来监测宇宙中的高能暂现天体和剧变天体。这些天体往往与黑洞、引力波等爱因斯坦相对论的科学预言有关，"爱因斯坦探针"的名字也由此而来……

"光"主要是X射线和γ射线。这两种射线与可见光本质相同，都是电磁波。不同颜色的光具有不同的频率，X射线和γ射线的频率和光子能量都更高。

 X射线波段的奇特景象

如果我们从X射线波段观察宇宙，就会发现看到的景象与从可见光波段看到的非常不同。

尽管地球受到来自众多天体的X射线照射，但是这些X射线基本都因与大气相互作用而被吸收，无法在地表被检测到。所以，若想从X射线波段观察宇宙，我们就必须把X射线望远镜发射到太空去。

看得广和看得远的矛盾

看得广

大部分暂现源（那些在天空中突然出现，然后又很快消失的天体或天文现象）距离我们非常遥远，在爆发前完全不可见。这使得我们无法预知它们出现的时间和方位。因此，我们需要视野非常宽广（大视场）的望远镜才能及时捕获到这些壮丽的宇宙焰火。

为此，人们在以往的大视场 X 射线望远镜中采用了非聚集直线光学技术，简单来说是开孔挡光，即在探测器上边放一个带有非常多狭缝的厚金属板，光只能从缝里过去，但却难以看到更暗的天体，难以获得观测目标更准确的位置。

看得远

要想看到更遥远的暗淡 X 射线天体，需要聚焦成像。

可见光的聚焦成像能通过折射和反射轻松实现。但 X 射线光子能量极高，高到足以与分子、原子发生相互作用，因此它们在大多数情况下不会被简单地折射或反射。

X 射线只能通过掠入射聚焦成像。由于掠入射角度极小，对于来自某个遥远天体辐射的平行光，仅有极小的一部分会入射在某一层反射面上并聚焦成像，导致光子收集效率低下。为了看到更远更暗弱的天体，人们需要在 X 射线聚焦成像系统中嵌套多达几十个甚至上百个平行的反射面来提升光子收集有效面积，而且这些反射面必须光滑得仅有原子大小起伏。这使得望远镜体积庞大，成本高昂。更麻烦的是，掠入射使得现今广泛使用的 X 射线聚焦成像系统——Wolter I 型光学系统的视场非常狭小。如何兼顾"看得广"和"看得远",成为困扰 X 射线天文发展的瓶颈。

来自龙虾的启示

龙虾拥有一双由众多方形微孔组成的球状复眼。这些微孔的轴线都指向球心,这使得入射光在孔壁反射后能聚焦到视网膜上。

1979 年,美国天文学家罗杰·安吉尔(J. Roger P. Angel)受龙虾眼的启发,提出"龙虾眼 X 射线望远镜"——由于任何方向的入射光总能找到满足聚焦成像条件的一些微孔,因而龙虾眼望远镜有潜力将视场拓展到整个天空。但受技术限制,这在当时仅仅是一个设想。

大视场聚焦成像的先行者

得益于微加工技术的进步,如今科学家能够在金属玻璃片表面制作上百万个非常光滑的微小方孔,从而大批量生产轻巧而精密的微孔光学器件,这让制造龙虾眼 X 射线望远镜成为可能。

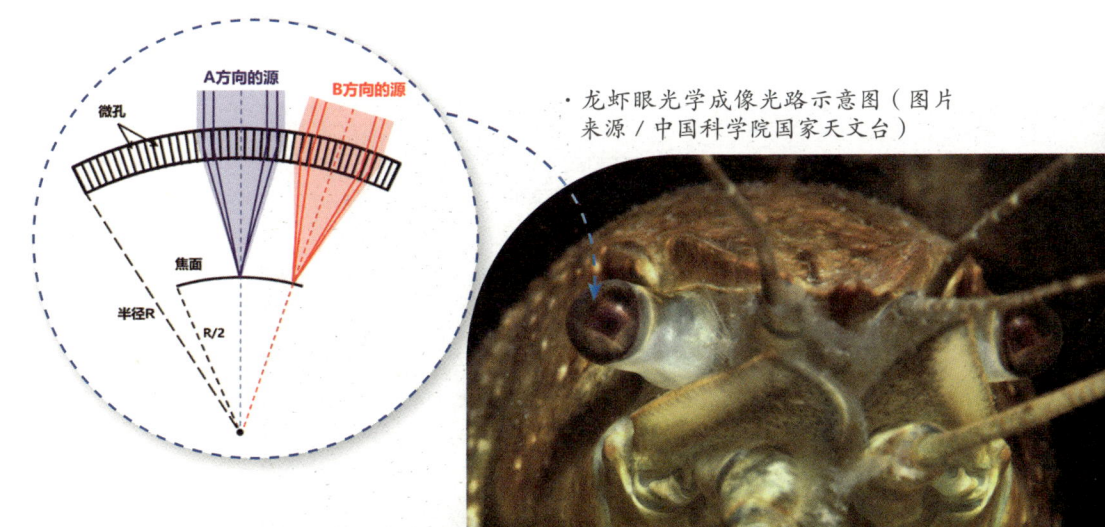

· 龙虾眼光学成像光路示意图(图片来源 / 中国科学院国家天文台)

中国科学院国家天文台的科学家们，自2010年开始着手研发微孔龙虾眼技术。在短短数年的时间里，他们将一个原理性的概念变成一套实实在在的设备，最终不仅让仪器性能国际领先，也先于同行将望远镜送入浩瀚星海。

太空中绽放的莲花

爱因斯坦探针卫星的形状像一朵绽放的莲花——"花瓣"是由12个独立模块组成的宽视场X射线望远镜（Wide-field X-ray Telescope，WXT），而一对"花蕊"是能够看得更清晰的后随X射线望远镜（Follow-up X-ray Telescope，FXT）。

"花瓣"——宽视场X射线望远镜

宽视场X射线望远镜主要用于监测来去匆匆的暂现源。它的每一个模块都由36个龙虾眼微孔光学器件拼接而成。12个模块指向不同的方向，提供了高达3600平方度（用于测量天体在天空中所占面积的单位）的视场，覆盖接近1/10的天球，仅需约5个小时就能完成对夜天区的完整观测。

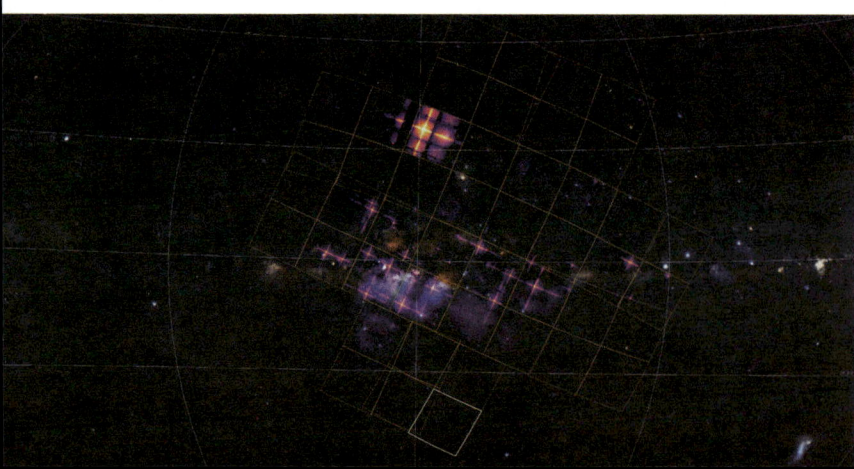

· 图为爱因斯坦探针卫星在银心方向的探测图像。紫色和蓝色分别是宽视场X射线望远镜探测到的X射线天体以及热气体；宽视场X射线望远镜的视场范围以白色框出；背景图是银河系在光学波段的图像（来源／中国科学院、欧洲南方天文台数字化巡天项目）

同时，宽视场 X 射线望远镜还使用了 48 个互补金属氧化物半导体（CMOS）图像传感器，搜集"龙虾眼"聚焦来的光子，并将其转化为电信号。这也是在天文领域国际上首次使用 CMOS 探测器，它大幅降低了望远镜的复杂度和成本，并且具有超快的读取速度。

"花蕊"——后随 X 射线望远镜

天文学是观测驱动的科学。每一次观测能力的提升，都会产生新的天文发现和突破性进展。

为了更好地研究被宽视场 X 射线望远镜发现的剧变天体，科学家研制了后随 X 射线望远镜。

· 后随 X 射线望远镜（来源／中国科学院高能物理研究所）

为了能在暂现天体出现的第一时间获得高质量的观测数据，爱因斯坦探针卫星研发团队设置了独特的观测策略：当宽视场 X 射线望远镜发现新的暂现天体时，卫星会立即自动转向新天体的方向，用后随 X 射线望远镜对它进行高精度的观测。

凭借着大视场和高灵敏度的优势，爱因斯坦探针卫星在短短半年多的时间就探测到了数十例伽马射线暴、400 余颗恒星的耀发以及众多起源未知的暗弱 X 射线源。

未来，随着爱因斯坦探针卫星海量观测数据的积累，我们将有望找到迟迟不肯现身的中等质量黑洞，搜寻引力波事件所伴随的电磁信号；了解超大质量黑洞的形成、引力波事件的起源、超新星的前身星等大科学问题，一睹宇宙奥秘的真容。

（中国科学院国家天文台爱因斯坦探针项目组各位成员对本文亦有贡献）

"观天巨眼"
——"中国天眼"

◎撰文/袁懋(国家天文台)

· "中国天眼"FAST球面射电望远镜

"中国天眼",全称"500米口径球面射电望远镜"(Five-hundred-meter Aperture Spherical radio Telescope,FAST),是中国独立自主设计并建造的世界最大的单口径射电望远镜。"中国天眼"于1994年开始选址和预研究,2016年9月25日落成进入调试期,2020年完成国家验收,面向全球科学家开放。这只"观天巨眼"设计之初便拟定了一系列科学目标,以推动全球科学家在这些科学领域取得新的突破。那么,"中国天眼"到底可以观测到什么?

·发生坍塌后的阿雷西博射电望远镜

·曾经的阿雷西博射电望远镜

原本除了"中国天眼"FAST之外，世界上还有另一座可与之比肩的大射电望远镜——阿雷西博射电望远镜（Arecibo）。阿雷西博射电望远镜口径305米，于1962年建成投入使用。迄今为止，已经帮助全世界科学家取得了一系列重大科学成果，包括一项诺贝尔物理学奖。不过令人惋惜的是，2020年12月1日，服务天文学长达58年的阿雷西博设备因老化发生坍塌，悬吊设备平台砸穿望远镜的巨大反射面，导致其最终退出历史舞台，给一个时代画上了终结符。如今，全球只剩下"中国天眼"一只"巨眼"了。

 **探究宇宙起源之谜**

标准宇宙学模型告诉我们，宇宙起源于约138亿年前的大爆炸，初生的宇宙温度极高，核合成后充满电离的氢元素。在快速冷却过程中，带电的氢元素逐渐复合成电中性的氢。中性的氢元素不断聚集合并，由此拉开了今天可观测宇宙演化的序幕。

作为宇宙中最古老、最简单、分布最广泛的成分，中性氢的研究既可以用来追溯宇宙演化历史，也可以用来研究星系物质分布、动力演化以及可能的暗物质分布。由于中性氢可以辐射出十分微弱但独特的射电辐射（由于其波长为21厘米，故又称21厘米线），因此可以用高灵敏度望远镜捕捉其辐射信号。作为目前世界上最灵敏的射电望远镜之一，FAST在探测中性氢上有得天独厚的优势。2020年7月，中国科学家用FAST已成功探测到了3个低红移星系的中性氢发射线，或可有助于银河系外星系的暗物质分布研究。

· 星系的可见光（亮白色区域）范围外，还有大量的射电波段探测到的中性氢气体（蓝色区域）（图片来源 / NRAO）

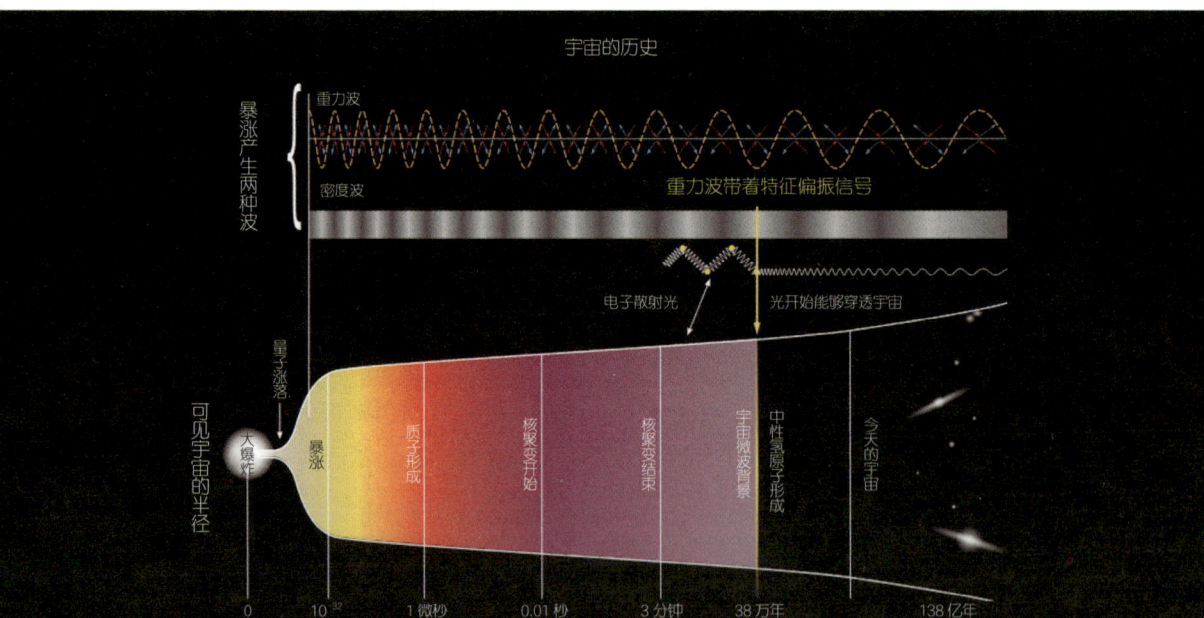

脉冲星：宇宙中神秘的"灯塔"

脉冲星是一种大质量恒星演化到后期，经过超新星爆发后留下的"遗物"。目前的理论认为，恒星在后期由于核聚变元素耗尽，自身引力会引发星体坍缩。小质量的恒星（诸如太阳）坍缩后会留下白矮星；超大质量的恒星坍缩后可能会留下一个黑洞；中等质量的恒星坍缩后就会留下一颗中子星。中子星的射电辐射以脉冲的形式到达地球，故也称脉冲星。

脉冲星是一类非常神奇的天体。其最主要特征是：质量大（量级约10万倍地球质量），半径小（仅10千米左右）。如此巨大的质量被压缩在仅一个城市大小的空间内，其密度之高，压强之大令人无法想象。此时其内部物质组成将不再是普通物质状态：可能是原子核被

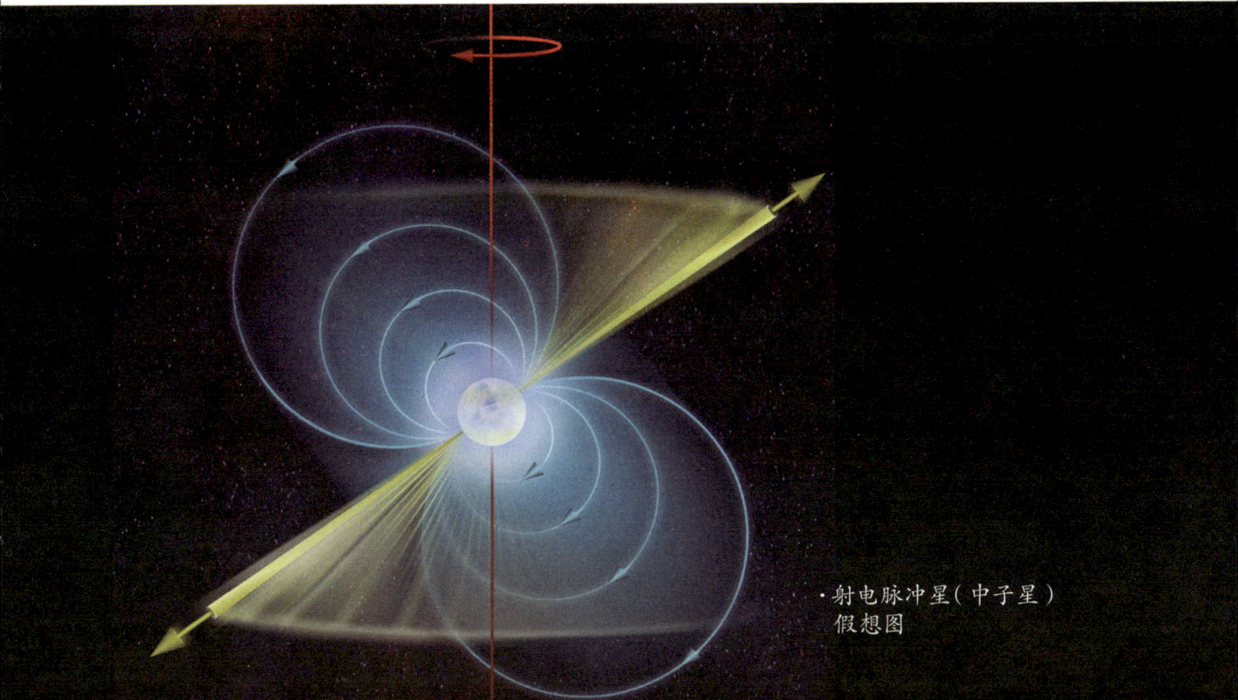

·射电脉冲星（中子星）假想图

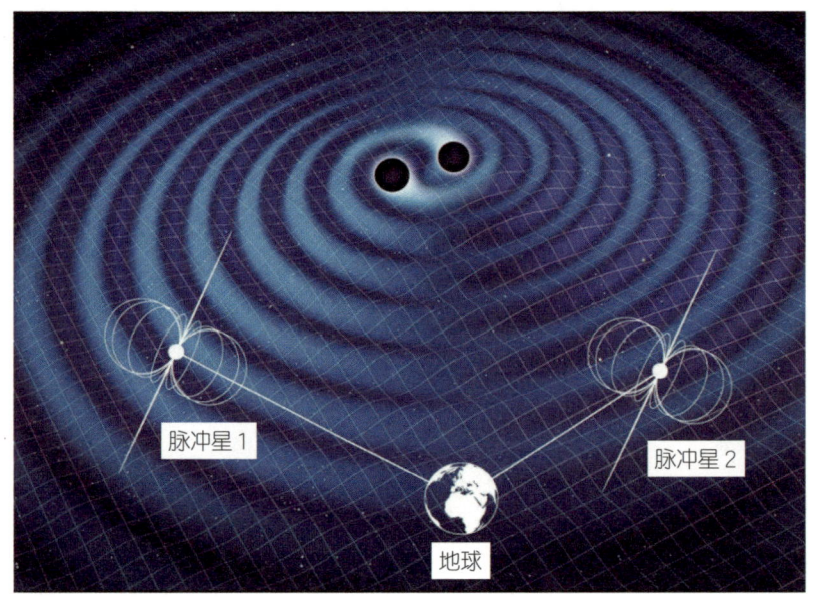

• 双黑洞绕转并和引发的时空涟漪会影响脉冲星脉冲到达地球的时间

压碎后游离出来的中子,甚至可能是连中子也被压碎后游离出的更基态的夸克。脉冲星另外一个最具代表性的特征是超快且精准的自转速度,其自转速度最快达每毫秒一圈。当脉冲星的射电辐射脉冲从两级辐射出来被望远镜探测到后,我们就可以根据探测到的脉冲周期来确定脉冲星的自转周期了。部分脉冲星的自转周期极其稳定(亿年才变化1秒),其稳定性甚至超过了目前人类的时间标准——原子钟。

研究脉冲星一方面可以帮助科学家回答极端条件下(超强磁场、超强引力场、超高温等)一些基本的物理规律,也可以用于布局未来的脉冲星星际导航。此外,脉冲星计时观测也可以用来探测引力波。由于脉冲星周期特别稳定,通常情况下两个脉冲到达地球的时间间隔应该相同。如果在传播过程中,脉冲穿过被引力波扰动的时空,那么其到达时间势必受到影响。测量脉冲星脉冲到达时间的间隔,可以间接探测引力波。

对脉冲星的研究，FAST 也具有得天独厚的优势。超高的灵敏度可以帮助人们探测到以往其他设备无法探测到的弱射电脉冲星信号，发现更加特异的辐射特性、得到更精确的脉冲到达时间等。目前，中国科学家利用 FAST 已经探测到了数百颗新的射电脉冲星，引力波探测也在进行当中。

快速射电暴：来自宇宙的神秘信号

快速射电暴（Fast Radio Burst，FRB），顾名思义，就是短时间内巨大的能量在射电波段内爆发的辐射。人类第一次发现 FRB 是在 2007 年。天文学家邓肯·洛里默等人在处理以往的射电数据时，首次发现了这种异常的辐射爆发，不过一开始人们对其地外起源表示怀疑。后来又陆续发现多个类似爆发后，天文学家才开始意识到这是一

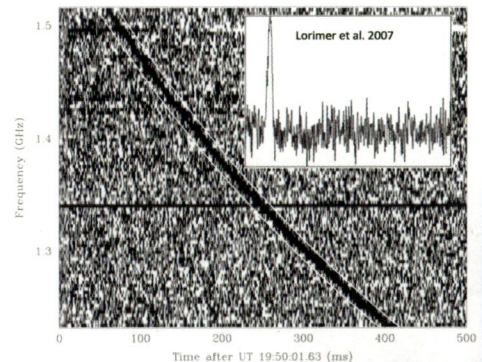

· 第一个 FRB（图中黑色曲线）在射电数据里的样子

· 银河系外 FRB 穿过星际空间传到地球的概念图

种以前从未探测到的宇宙信号。

迄今为止,人类已经捕捉到了上千起快速射电暴,已公开的这些射电暴基本上均被确认为银河系外起源。不过,2020年4月加拿大科学家新发现了起源于银河系内的射电暴。那么到底是什么机制产生了如此强大的能量爆发呢?虽然目前尚无定论,但大多数科学家认为这种爆发可能来自某些类似太阳的致密天体爆发的星体活动,比如白矮星、中子星以及黑洞等。对其物理过程以及起源天体的研究已成为天文学的前沿热门领域。

2020年4月,FAST探测到的第一颗FRB公开发表(由国家天文台研究员朱炜玮等完成)。得益于FAST强大的性能,科学家探测到了这颗FRB罕见的多个爆发成分。目前,天眼团队已探测到了多起FRB,数据均在进一步处理当中。不仅如此,FAST充分发挥其高灵敏度的优势,探测到了FRB 180301这颗爆发源的辐射偏振(由北京大学罗睿博士等完成),极大地限制了FRB辐射起源的理论模型。目前,这项世界级发现已经被各国科学家接受并认可。

星际分子：生命起源的第一缕光

星际分子是指存在于宇宙星际空间的有机或无机分子。很长一段时间以来，天文学家认为宇宙空间除了一些天体和星云等物质外，就再也没有其他有原子构成的物质了。直至20世纪60年代，星际分子的发现打破了这一认知。特定的星际分子会吸收特定频率的电磁波，因此可以通过观测电磁波谱在某些频率的吸收线来认证特定的分子。迄今为止，科学家已经找到了数百种星际分子，其中包括合成氨基酸、DNA的一些基本分子。

为什么宇宙空间会存在星际分子呢？这得从恒星的"一生"说起。恒星诞生之初基本只有简单的氢元素。经过不断发生的核聚变，最简单的氢元素会不断合成其他更重、更复杂的元素，比如碳、氮、氧等。到恒星"濒临死亡"时，其内部已经合成了大量的金属元素了，包括金、银等。这个演化过程，恒星也合成了一些简单的分子物质。简单的分子物质在宇宙空间中经过复杂的高能辐射和互相交融，就有可能合成更复杂的有机分子。

那么，我们为什么要研究星际分子呢？这关系到地球的生命起源，因为很可能就是星际分子给地球生命的诞生带来了第一缕光。FAST在寻找星际分子这一领域丝毫不甘人

· FAST捕捉到的异常信号

后，这一"观天巨眼"正在扫描着宇宙深空的各个角落，相信不久的将来一定能找到那些隐藏的分子。

 探索地外文明有据可依

人类在宇宙中是否是唯一的？自古以来，这是一个令无数人好奇但一直没有获得答案的问题，直到今天，它依然充满诱惑。相对其他观测科学，地外文明搜寻一直以来都是一个充满科幻色彩的课题。

随着天文望远镜性能的不断增强，能探测到的信号越来越多，这一曾经科幻的课题变得越来越有科学上的可行性了。曾几何时，人类第一次探测到脉冲星信号时，也曾认为是外星"小绿人"发来的。如果我们捕捉到异常的、不曾看到的信号，那么就值得对其进行具体研究，确认其可能的起源。

FAST可以捕捉到非常微弱的射电信号，除了一些我们熟知的射电源外，有些是我们暂时不能很好解释的干扰信号。自FAST投入运行以来，美国伯克利大学SETI团队就与天眼团队开展了深度合作，共同开发了一套系统，实时筛选FAST收集到的信号，捕捉地外文明的蛛丝马迹。

随着阿雷西博射电望远镜的退役，一个大射电时代宣告谢幕，退出了历史舞台。作为接力者，"中国天眼"将开启另一个崭新的大射电时代。我们将奋力前行，借助"中国天眼"窥视更多的宇宙秘密，不断刷新人类对宇宙新的认知！

跟着深海"的士"去寻宝
——"奋斗者"号

◎文图/张真源(中国船舶科学研究中心)

不仅是深潜

以前深海探测，对海底情况的很多了解往往局限在母船上，依靠一系列的操作和探测的设备来完成的，不能面对面、像在陆地上的调查一样。"奋斗者"号载人潜水器（以下简称"奋斗者"号）可以对整个海底的矿产资源直接进行探测，使得探矿的效率大大提高，同时也提升了中国在国际深海空间治理的话语权。"奋斗者"号还将进一

2021年底,"奋斗者"号载人潜水器开展了2021年度第二航段的常规科考应用,航次历时53天。这次万米海试有哪些不同?"奋斗者"号又是如何"探宝"的?

步助推国际深渊科学研究的进展,加速深海生物基因产业的发展,特别是在抗癌、抗菌方面,深海生物基因可以为提高人类生命健康水平作出新的贡献。

万米海底有多妙

对于人类来说,深海陌生而神秘。科研人员搭乘"奋斗者"号下潜至深海观察到,深海生物有着非常特别的适应深海生存的机制和策略,与浅海生物非常不同,主要表现在不依赖阳光。

· "奋斗者"号抓取海底生物

· 机械臂作业

· 海底资源

· "奋斗者"号总装

"奋斗者"号在深海可以依托高精度探测设备和机械手等装置，取得大量数据资料和样本等，还发现一些深海生物不通过光合作用、只是借助硫化物就可提供能量等奇妙现象。

目前，"奋斗者"号还在持续进行万米深渊的探索性下潜，科学家围绕深渊生态、地球物理等课题进行的研究也都在持续推进，相信未来还会有更多新的发现展现给世人。

"奋斗者"号本领大

可以下潜至万米海底的载人潜水器，究竟是如何下潜和上浮的？它在深海的工作原理又是什么样的呢？

"奋斗者"号采用无缆无动力上浮下潜技术，可以在海底连续作业6小时。专用固体浮力材料是它获取水下净浮力、实现无动力上浮和悬浮定位的核心结构部件，需要兼具密度小和抗压强度大两个相对立的特性。

· "奋斗者"号在研制阶段开展水池实验

到达万米深海后，"奋斗者"号采用左右两套主从伺服液压机械手开展作业，可实现 6 自由度运动控制（指操作有 6 个独立驱动的关节结构，能在其工作空间中实现抓取物件的任意位置和姿态），持重能力超过 60 千克，可顺利完成岩石、生物抓取等作业任务。

"奋斗者"号还拥有智能故障诊断以及海底自主避碰等功能，能够在海底自动匹配地形巡航、循迹航行以及悬停定位。依靠这些技术，"奋斗者"号就可以对海底标志物进行精准的科学探测作业和返回。

实现万米连通——水声通信技术

我们知道，光和无线电信号在深海中的衰减是非常快的，所以潜水器与工作母船之间很难实现通信。"奋斗者"号在茫茫深海深潜，如同一粒芝麻撒进大海，如何确定它的位置？此时，声音成为最有效的信息传递方式。

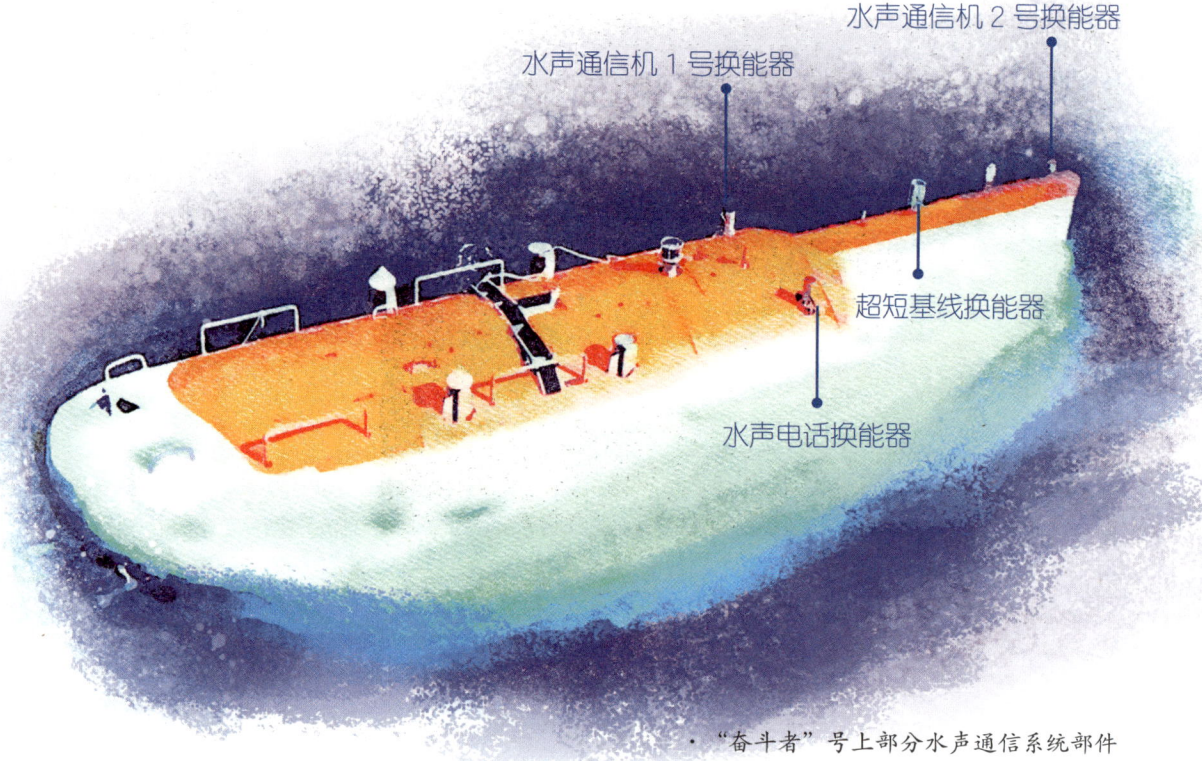

"奋斗者"号上部分水声通信系统部件

声音在空气中的传播速度是 340 米/秒，在海里可以达到 1500 米/秒。因此，高速水声通信是"奋斗者"号与母船探索一号之间进行沟通的唯一桥梁，可以实现从万米海底至海面的文字、语音以及图像的实时传输。"奋斗者"号将声音信号通过调制解调，携带相关的数据进行传输，就达到传播信息的目的了。

但是，水声通信可用的工作频率窄，导致其数据率比较低，能够传输的信息量比较少。为此，"奋斗者"号采用了一项关键核心技术——相干通信技术，它是一整套从信号编码调制到信道自适应均衡和纠错编解码等技术构成的整体解决方案，可以克服远距离传输带来的信号损耗,能在信号微弱的情况下提取出有效信息。

"奋斗者"号声学系统,包含了自主研发的全海深水声通信机、地形地貌探测声呐、多波束前视声呐、多普勒测速仪、避碰声呐,以及定位声呐和惯性导航设备的系统集成,实现了从万米海底传声传影至海面。由多普勒测速仪、定位声呐及惯性导航等设备集成的组合导航系统,还为"奋斗者"号的巡航作业提供了高精度的水下定位导航。

深潜的法宝——载人舱球壳

大家都知道,万米深潜需要克服巨大的压力。"奋斗者"号的设计下潜深度为1.1万米,在这个深度它要承受的压力,相当于2000头非洲象踩在一个人的背上。那么,"奋斗者"号是如何"抗压"的呢?答案就在载人舱。载人舱作为"奋斗者"号载人潜水器的核心关键部件,是人类进入万米深海的硬件保障和安全屏障,可搭载3人的载人舱球壳,是目前万米深度以下世界最大、搭载人数最多的潜水器载人舱球壳。

为了抵御沉重的压力,"奋斗者"号采用了更加耐压的高强度、高韧性、可焊接的钛合金载人球舱,在耐压结构设计理论方法及安全性评估、钛合金材料制备及电子束焊接方面实现多项重大突破,并通过了反复试验验证,以确保舱内人员的安全。

· "奋斗者"号载人舱球壳

在深海开直播

2020年11月,"奋斗者"号在海试过程中进行了全球首次万米深海电视直播。在如此深的海底直播,是如何实现的呢?

原来,海底电视直播是利用预先布放好的着陆器完成的。着陆器与探索二号保障船之间有微细光缆相连接,当"奋斗者"号下潜到预定海域后,着陆器就可以对"奋斗者"号进行实时拍摄,依托水下激光技术将"奋斗者"号舱内画面传送到着陆器,着陆器再将画面通过

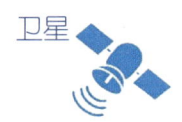
卫星

探索一号

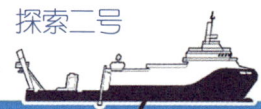
探索二号

· "奋斗者"号海底直播示意图

中继器

凌云号 AUV

"奋斗者"号载人潜水器

沧海号着陆器

微细光缆传输到探索二号保障船，保障船再利用卫星将直播信号传送到电视台，至此，大家就可以在电视上看到"奋斗者"号在万米海底的优美身姿了。

万米深海"大显身手"

截至2021年底，"奋斗者"号共完成21次万米下潜，已有27位来自中国的9家高校、科研院所和企业的科学家通过"奋斗者"号到达全球海洋最深处，万米深潜次数和人数居世界首位。这样的成绩令人自豪和振奋。

2021年12月，探索一号科考船搭载"奋斗者"号，在马里亚纳海沟"挑战者深渊"最深区域进行了科考作业。航次期间，"奋斗者"号共下潜23次，其中6次超过万米，进行了包括悟空号全海深AUV（自主水下航行器）、全海深玻璃球和声学释放器等深海仪器装备的万米海试。

基于"奋斗者"号大深度、高精度的作业优势，本航次采集了一批珍贵的深渊水体、沉积物、岩石和生物样本，为对比开展不同深渊特种环境、地质与生命等多学科研究提供了宝贵的数据和样本。

航次期间，参航科学家团队还共同发起了《马里亚纳共识》倡议，建立深海科考标准化平台体系，实现深海科考样本和数据的长期保存与共享，同时启动"马里亚纳海沟生态环境科研计划"。未来，该计划还将协力攻坚深海地球科学系统的形成与演化、生命起源与环境适应、生物多样性与气候变化等重大科学问题。

走近海底擎天柱——"海基一号"

◎撰文/黄玉玺（农业农村部管理干部学院）

302米

上部结构（图略）

导管架结构

垂直斜撑

水平撑杆

导管架腿

桩结构

2022年4月25日，由中国自主设计建造的亚洲第一深水导管架平台——"海基一号"平台主体工程海上安装完成，标志着中国深水超大型导管架平台装备制造和安装技术实现高水平自立自强。这对于提高能源自给率、保障国家能源安全具有重要战略意义。让我们一起走近海底擎天柱——"海基一号"！

• "海基一号"平台结构示意图（左）与埃菲尔铁塔（右）的高度对比（绘图/张永致）

挖掘海底石油的钢铁巨人

要了解"海基一号",先要从导管架说起。石油被称为"黑色的黄金",是人类最重要的化石能源,而全球海底石油为1300多亿吨,占石油可采储量的45%左右。因此,海上石油开发利用意义重大。这就让导管架有了用武之地。

海洋石油钻井平台分为移动式平台和固定式平台。移动式平台包括自升式、半潜式、张力腿式、牵索塔式等;固定式平台包括坐底式、导管架式、重力式、顺应塔式等。其中,导管架式平台是现在应用最广泛的海洋油气生产设施。

1947年,全球首个钢质导管架式平台诞生,当时水深只有6米,属于近海区域。此后,导管架式平台不断发展,从近海扩展至深海,水深也逐渐达到300米以上。

导管架式平台由导管架、桩和上部结构组成。导管架为钢质桁架结构,由低合金钢管相互焊接而成。它的结构类似铁塔,结构形式多为四柱式和八柱式,多边棱台的形状可以保持其稳定性。它就像折叠桌的底座一样,将海上作业平台固定在海面上,平台上安装好钻井设备就可以采油了。

324米

亚洲第一的"庞然大物"

亚洲第一深水导管架平台——"海基一号"平台自2020年3月开工建设，至2022年2月完工，历时两年时间。这座海底庞然大物高达302米，堪比法国的埃菲尔铁塔，加上上部结构，总高度达到了340.5米，是亚洲第一座300米级别的深水导管架平台。

在重量方面，"海基一号"达3万多吨，所用钢材能够制造一艘中型航母，加上平台总重4万多吨，打破了中国海上单体原油生产平台的重量纪录。

"健身制鞋"站稳站久

"海基一号"服役于中国南海的陆丰15-1油田，这里不仅海况恶劣，还面临大型可移动沙坡沙脊等世界级海洋工程难题。那它的导管架是怎么站稳脚跟的呢？

知识拓展

导管架是如何下水的？

海洋内波具有"深水剪刀"之称，海面上一个微小的波动，水下就会发生巨大的偏移，而"海基一号"正处于南海内波流主通道上。为降低作业风险，提高施工效率，其采用了一体化建造方式，并在陆地上完成93%的建造。

1 滑移下水
严格按方案进行切割，利用导管架自身重力，配合液压千斤顶助推，将其平稳滑入海中。

一方面，为其量身定制"健身"方案。这套方案通过精确计算和比较，判断出极端海况下"海基一号"所需的整体结构强度参数，进而优化结构尺寸，精简导管架水平层数量，提升它的抗浪击打能力。

另一方面，就不得不提"海基一号"的"鞋"——阶梯型防沉板了。它是通过数值模拟，对沙坡沙脊进行了两年的运移监测，在掌握其运移规律的基础上专门设计的"鞋"。这双"鞋"使导管架底部完美贴合了阶梯状海床地貌，保证其站得稳、立得平。

"海基一号"在无数科技工作者夜以继日的努力下，攻克多个世界性难题，完成了十余项重大技术创新，实现了关键设备100%国产化。而首次尝试300米级导管架就获得巨大成功，让中国实现了深水超大型导管架设计、建造、安装等的技术跨越，达到世界一流水平。它开辟了一条深海油气开采的新道路，是服务"海洋强国"战略的重要实践。

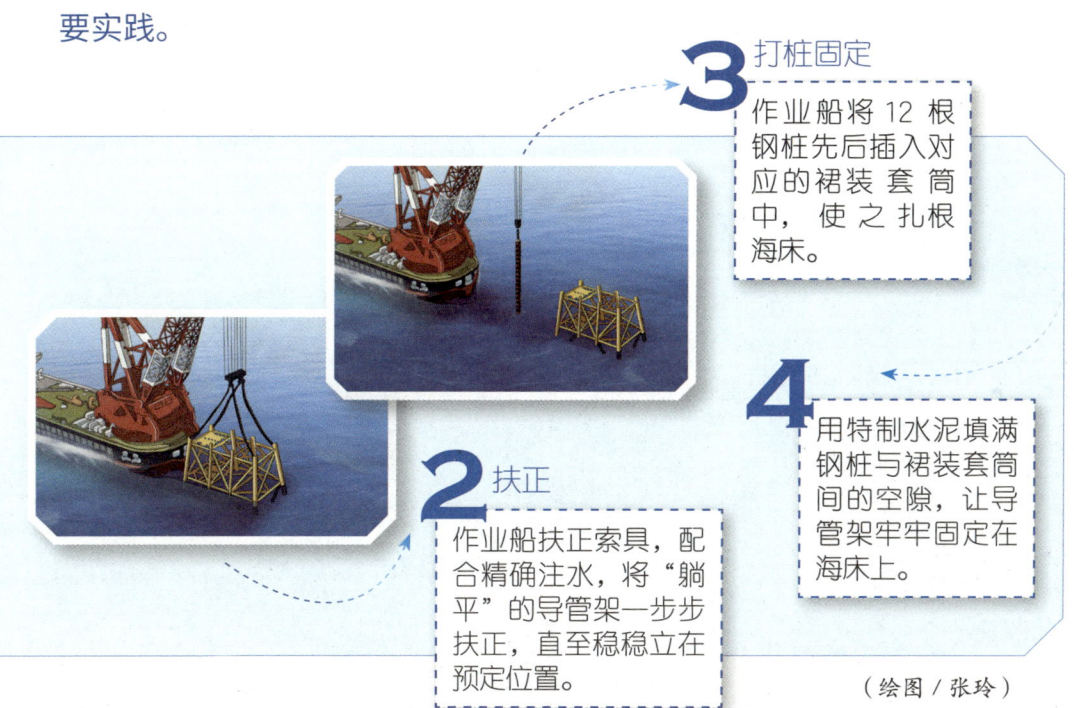

3 打桩固定
作业船将12根钢桩先后插入对应的裙装套筒中，使之扎根海床。

2 扶正
作业船扶正索具，配合精确注水，将"躺平"的导管架一步步扶正，直至稳稳立在预定位置。

4
用特制水泥填满钢桩与裙装套筒间的空隙，让导管架牢牢固定在海床上。

（绘图／张玲）

移动的"海洋牧场"
——国信1号

◎文/吴霜 赵芸（中国船舶集团有限公司）

·国信1号在进行航行试验

蓝色海洋中的"巨无霸"

国信1号是个"巨无霸",总长249.9米,型宽45米,型深21.5米,载重量10万吨,排水量13万吨,内设15个养殖舱,养殖水体近9万立方米,航速10节(1节=1.852千米/时)。排水量13万吨是什么概念呢?2022年6月17日下水的中国第三艘航空母舰福建舰的满载排水量是8万多吨。

· 国信1号的养殖舱

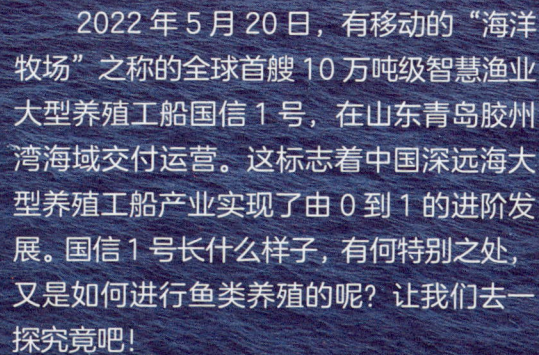

2022年5月20日,有移动的"海洋牧场"之称的全球首艘10万吨级智慧渔业大型养殖工船国信1号,在山东青岛胶州湾海域交付运营。这标志着中国深远海大型养殖工船产业实现了由0到1的进阶发展。国信1号长什么样子,有何特别之处,又是如何进行鱼类养殖的呢?让我们去一探究竟吧!

国信1号以"船载舱养"的模式开展大黄鱼、石斑鱼、大西洋鲑等名优鱼种养殖，设计年产高品质鱼类3700吨。

那么，什么是"船载舱养"模式呢？

传统的养殖方式如下：渔民在近海拉起一排排的网箱，通过人工投喂饵料来加快养殖鱼类的生长。但投喂的饵料不可避免地会进入海水中，造成近海海域环境污染。

有了国信1号这座"海洋牧场"，渔民可以将鱼儿带向深远海，躲避台风、赤潮等自然灾害，让它们在更加适宜的水域里生长，并依据水温和环境变化自航转场，选择水温、洋流、气候等最合适的海域，让鱼儿始终处于适宜生长的环境中，从而快速、健康地成长。

智慧"大脑" 智慧养鱼

国信1号在茫茫大海中航行，如何精准定位并操控它作业呢？这座"海洋牧场"拥有智慧的"大脑"——先进的船岸一体化系统和智能养殖系统。

· 国信1号智慧渔业一体化平台

船岸一体化系统包括卫星通信接收系统、4G通信系统、船舶状态监视系统等，操作人员在岸上就能有条不紊地对国信1号进行远程监控。

智能养殖系统则可以完成鱼苗入舱、饲料投喂、聚集捕鱼、水质调控、冷藏加工等操作的自动化作业。

如今，国信1号已开启在南海、东海、黄海等海域之间的"游弋之旅"，养殖的大黄鱼也陆续上市。这座可移动的"海洋牧场"扩大了中国渔业养殖面积，使中国在开发海洋资源方面走在了世界前列！

养殖舱如何换水？

国信1号的15个养殖舱与外界海水并非自由连通，而是在首尾各设置了两个泵舱，通过15台低扬程大流量离心海水泵，将深远海优质海水从船底海底门处源源不断地抽取注入养殖舱中，舱内的水通过底部排水管道溢流至舷侧排水口完成水体交换，全天最多可实现16次换水。

另外，水体循环系统还采用多角度、多点位切向推流进水，使水流在养殖舱内形成旋转流态，促进鱼儿游动，使鱼儿不做"懒惰鱼"，快乐嬉戏、茁壮成长，拥有强健的"体格"。

· 养殖舱的驱鱼漩涡

探索海底"生命绿洲"
——深海原位实验室

文图 / 张鑫　张雄（中国科学院海洋研究所）

从变幻莫测的海平面、清澈美丽的浅海，到漆黑幽暗的深海，人类将最终抵达海底，揭开这里的神秘面纱……

探秘海底绿洲

什么是冷泉?

你或许听说过"热液",这是一种奇妙的海底活动,广泛分布在全球的各大海域。海水沿裂隙渗入洋壳后,受炽热的岩浆影响,会与基部的玄武岩发生反应,形成温度高达几百摄氏度的、富含硫化物和金属矿物成分的热液。热液不断上升,回到海底,与冷海水相遇后,携带的各种成分快速沉淀,堆积成类似烟囱的地貌。烟囱的颜色因成分差异而有黑白之分,因此也被称作"黑烟囱"和"白烟囱"。

· 繁茂的冷泉生态系统

热液系统被发现几十年后，人们探测到了另一个海底系统——一些富含甲烷等烃类物质的流体会从海底不断渗出，其喷口主要分布在地质活动活跃的大陆边缘，与热液不同，它与周围海水的温度相差不大，因此得名"冷泉"。

1979年，科研人员在美国加利福尼亚州边界1800米深的海底首次发现冷泉渗漏。自此，冷泉成了深海探测领域的热门研究课题。研究冷泉不仅能帮助我们更好地理解深海环境，也能推动能源、气候变化和生命科学等领域的研究。

冷泉生态系统

不断发展的深潜器技术让人们得以进入冷泉区域。这里的生物密度超乎想象，因此被誉为海底的"绿洲"。

在冷泉之中，最常见、最被关注的是甲烷冷泉。海底埋藏着许多甲烷水合物——可燃冰，海水渗入洋壳，又在压力等条件的作用下，携带着可燃冰挥发形成的甲烷不断向上，穿过海底沉积物，涌出洋壳。

因此，这里形成了密度高、代谢活跃的微生物群落，它们不需要有机营养物，而是可以通过氧化甲烷生长、繁衍。在这些微生物密度高的环境中，出现了许多相对大型的海洋生物，如管状蠕虫、贻贝、铠甲虾等，并最终形成了一套完整的冷泉生态系统。

冷泉生态系统是解密深海生命生存策略的"金钥匙"。想要深入研究冷泉生态系统，揭示其稳定存在的机制，我们需要一个强大的科技支撑平台。

# 深海原位实验室——探索深海的前沿阵地

在深海做实验

在传统的海洋调查方法中,我们需要将样品取回陆地实验室检测,而这种方法往往会因环境变化,导致数据被损坏或缺失。因此,

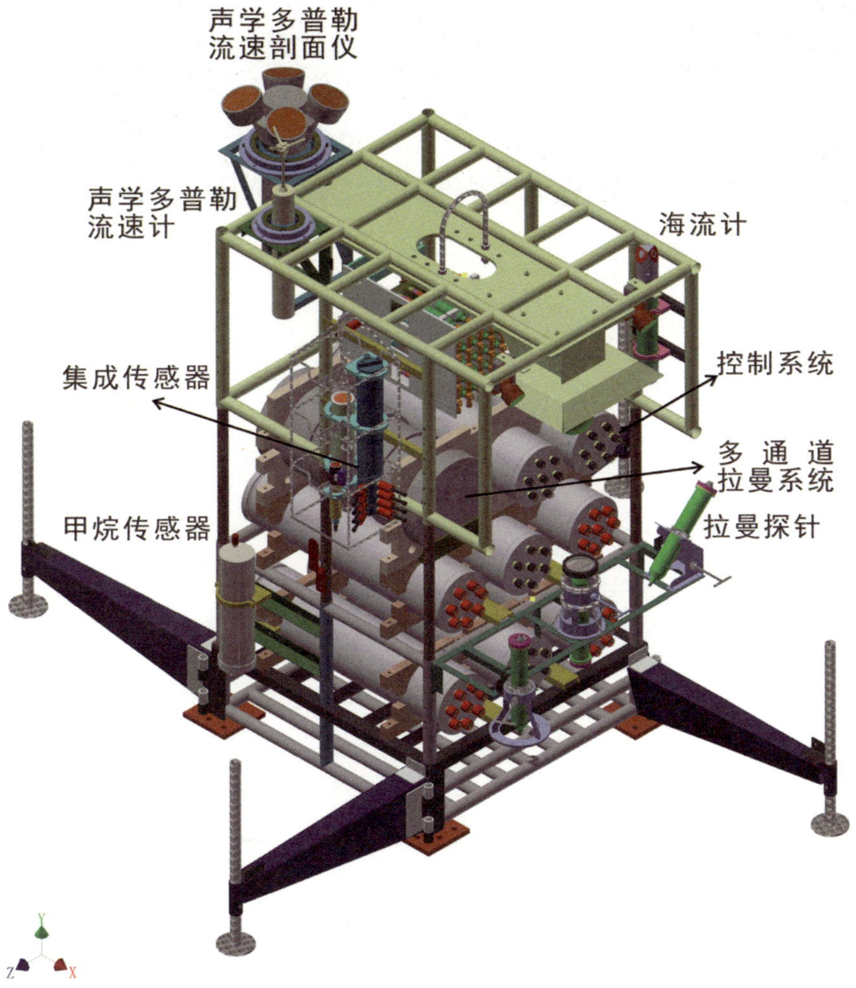

·深海原位实验室三维建模示意图

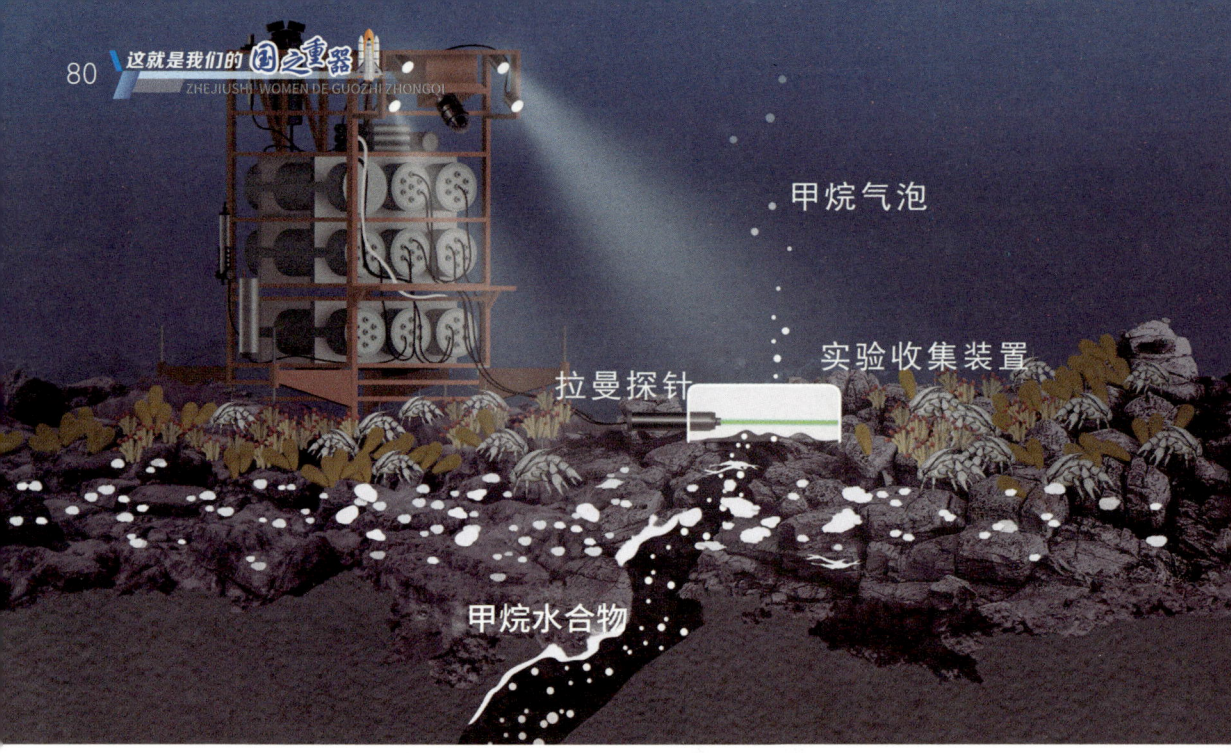

· 深海原位实验室工作示意图

科研人员在海底布设原位实验室，将陆地上的各种测试和分析仪器整体搬到海底，以确保数据的准确性和完整性。

这个多功能的深海原位实验室配备了一系列能够在深海极端环境中稳定工作的尖端仪器，不仅能进行全面的海洋观测——如获取高清影像资料、测量近海底理化参数、采集流体样品并开展原位实验，还能让科研人员实时接收深海观测数据，大大提高了数据的实时性和研究的效率。

在冷泉深处"睁开双眼"

目前，中国已发现的冷泉均分布于南海区域。科研人员使用自主研制的深海原位实验室平台，已在南海冷泉系统进行了一些原位实验。

·深海原位实验室工作场景

通过这个平台,科研人员对冷泉喷发的流体在浅表层沉积物中快速形成水合物的过程进行了观察和分析,并研究了这一过程对周围生物群落的控制机制,他们发现,即使在喷发活动不连续时,冷泉也能维持生态系统内宏观的生物稳定。

生态系统中的"电容器"

科研人员发现,可以将冷泉区域中的甲烷水合物比作这个生态系统中的"电容器"。它的形成和分解类似于电容器的充电和放电过程,能够说明冷泉区域中能量的储存与释放机制。

冷泉活动期间,大量甲烷会在低温、高压的条件下与水分子结合,形成甲烷水合物,这个过程就像充电,为电容器储存能量。而当冷泉活动暂时减弱或停止时,甲烷水合物不断分解,释放出储存的能量,供给生态系统中的生物,类似电容器的放电过程。

充电和放电过程的循环，就像对能量进行了"削峰填谷"（电力工程术语，指通过调度发电侧或用电侧，合理地将负荷高峰时段内的部分负荷填补进负荷低谷，使发电、用电更加平衡），为参与甲烷代谢的微生物提供了稳定的化学梯度，是维持冷泉区巨型动物群体数量稳定的关键因素。

通过深海原位实验室，科研人员可以更好地理解冷泉生态系统，探索深海的生物多样性和生态功能。深海原位实验室不仅能帮助我们认识地球，还能为可持续能源的开发和碳循环管理提供重要帮助。

·甲烷水合物电容器模型示意图

第四章 基建奇迹

伶仃洋上的美丽项链——港珠澳大桥

◎文 / 黄磊　吴泽生　杨志平（港珠澳大桥管理局）

伶仃洋上的美丽项链

　　港珠澳大桥项目 2003 年 8 月启动前期工作，2009 年 12 月开工建设，于 2018 年 10 月开通运营，筹备和建设前后历时达 15 年。大桥主体工程采用桥梁、人工岛、隧道结合的建设方案。隧道部分长约 6.7 千米，其余桥梁路段约 22.9 千米，桥隧道路均为双向六车道。港珠澳大桥总体施工难度史无前例，并刷新了多项世界纪录。

第四章｜基建奇迹

港珠澳大桥是粤港澳三地首次合作共建的超大型跨海通道，全长约 55 千米，位于广东珠江出海口，将香港、珠海和澳门连在一起。作为世界上最长的跨海大桥，港珠澳大桥是技术难度最高、环保要求最高、建设标准最高的"三高"工程，犹如给伶仃洋佩戴了一串美丽的项链！

为了完成这项史无前例的"超级工程"，中国工程师们像"新手开新车"，最终成功研究并应用大量"桥位现场拼装"新工法完成了大桥建设。从 33 节沉管预制、浮运、安装，到桥墩、箱梁的现场安装，工程师们就像拼装一个巨大的"积木"模型。那么，建设过程的"拼装密码"是什么呢？让我们来一一解密。

"积木"原件哪里来

工程师们把港珠澳大桥当作一个大"积木",先根据设计图分解出各种不同零件,再按照各零件的数量和要求进行制造,即做成预制构件,以便减少海上作业的时间。以靠近珠澳口岸人工岛的浅水区非通航孔桥为例,它采用整墩分幅组合梁布置的方式,通俗来讲就是一跨组合梁通过两个桥墩完成桥梁的架设连接。它的主要零件有两种:桥墩和组合梁预制构件,组合梁预制构件又分钢主梁和混凝土桥面板预制构件。

桥墩是托举大力士,由桩基础、承台、墩身、墩帽组成,其中承台、墩身、墩帽为桥墩预制构件。首先由自动化钢筋加工车间、钢筋绑扎台座制作桥墩预制构件的"钢筋骨架",之后再通过钢板合模、混凝土浇筑、养护,完成桥墩预制构件的制作。

桥墩上连接着组合梁,首先是钢主梁。由于浅水区非通航孔桥采

· 大桥浅水区非通航孔桥分部示意图

用整墩分幅组合梁布置的方式,每幅梁节长85米、宽16.3米、高4.8米,像一个大箱子。构成开口钢箱梁节所用的材料包括钢板、型钢、高强螺栓、圆柱头焊钉、焊接材料和涂装材料,在自动化流水线车间完成批量生产制造及钢主梁组拼。

钢主梁上铺装桥面,桥面有预制混凝土桥面板和现浇混凝土桥面板两部分,其中预制混凝土桥面板是桥面板的"钢筋骨架",通过自动化钢筋加工、钢筋绑扎台座、合模浇筑混凝土等工序制作而成。

· 桥墩预制构件制造现场

· 钢-混组合梁预制现场

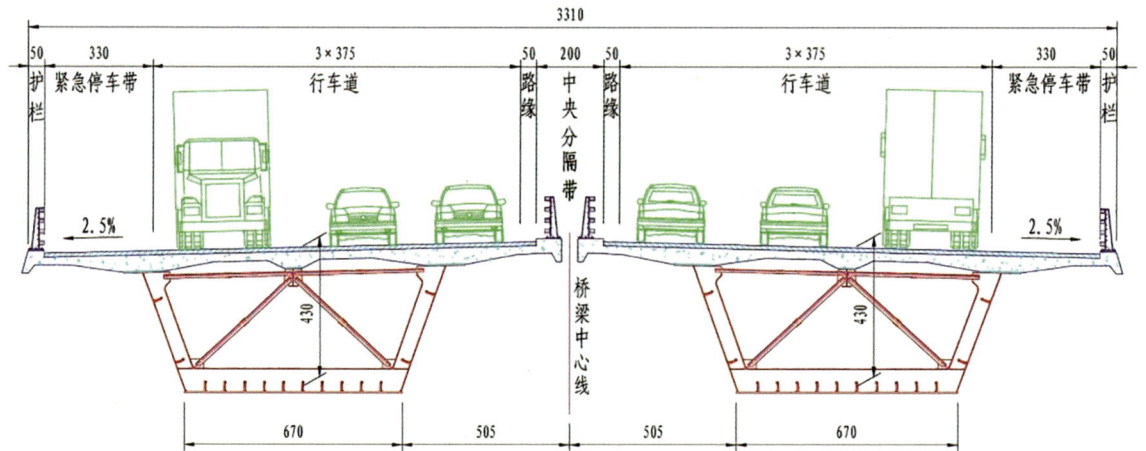

· 大桥浅水区非通航孔桥组合梁标准断面图

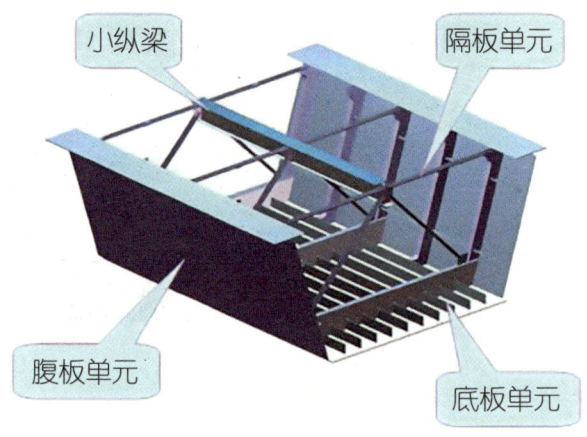

· 钢主梁典型构造图

把大"积木"运到海上

在陆地上做好的零件通过验收后，需要运送到海上指定位置进行吊装。这些预制构件可都是"大家伙"，单单一节组合梁预制构件就有1900吨重。它们是如何移动的呢？

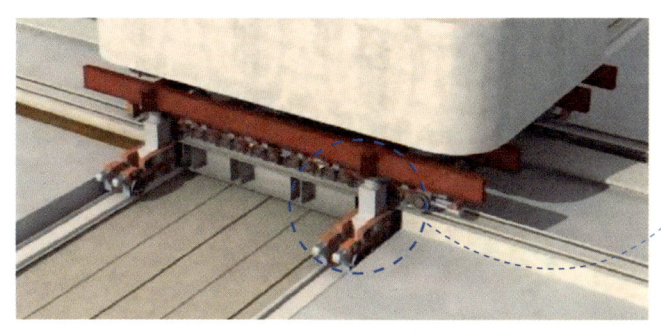

移动台车：转运原理同火车变换轨道的原理类似，沿着轨道前进，只不过中间多了一个纵向和横向 90°轨道的切换

　　桥墩和组合梁预制构件有专车接送，移动台车和运、架梁一体船就是它们的交通工具。移动台车是一种轮轨式设计的运输车，2 台一起工作可以运送 3000 吨的重物。移动台车将预制构件从工作台座送往存放台座保存，之后再送往出海装卸平台起吊位置。此时，靠"小天鹅"号和"天一"号运、架梁一体船完成预制构件的场内转运，把预制构件通过限位装置与船体绑扎固定好，沿航线运输至桥位。这两艘船的起重力量，均达到惊人的 3000 吨！

"积木"拼装知多少

　　好不容易把预制件送到了海上指定位置，是否就能立刻吊装了呢？其实，安装才是所有流程的重中之重。在海上施工，吊装工序更加复杂，精度要求更高。另外，还要完成水域清理、海上施工平台搭建、桩基础施工等前置工序。

　　桥墩和组合梁预制构件的吊装略有不同。桥墩预制构件运至指定区域后，经大型装载及起吊设备转运至桩基础上方，通过精密测量和定位、顶升装置等，完成体系转换和导向架安装，就可完成吊装。

· 组合梁吊装现场

· 组合梁出运

· 桥墩预制构件吊装现场

而组合梁吊装采用简支变连续的施工方法，施工工序流程主要分为两步。第一步是利用大型装载及起吊设备逐孔吊装单孔组合梁，每孔组合梁架好就焊接，最终形成6孔一联或5孔一联的连续结构；第二步是通过墩顶顶落梁施工，实现一联组合梁的体系转换后就可完成吊装。

它们的吊装原理就像"抓娃娃",必须把握好抓取的角度、力度、时机、高度等,才有可能成功夹取出"娃娃"。当然,大桥桥墩和组合梁预制构件拼装涉及的施工环境、工程力学、人机料组织等,是一个完整的体系施工,真正操作起来要十分严谨,也十分复杂。

港珠澳大桥的建设,通过零部件标准化生产、工程款测试、批量化生产等工序,最终完成新工法的开发、测试及投产使用,大大提高了工作效率。而且在工程款测试环节,中国工程师还提出和践行了"首制件"模式:参照同等施工环境对大桥桥位处各零部件的预制、拼装、湿接缝处理等工序及质量等进行施工及验收,验收合格后,方可正式开始大规模施工。

未来,中国大桥建设者们将继续秉持港珠澳大桥的建设精神,沿用更多"拼装"工法,创造更多港珠澳大桥式"积木",为社会科普大桥建设知识,为时代技术进步贡献更多力量。

协助组稿:《施工技术(中英文)》编辑部

浪奔潮涌间筑起的超级工程——深中通道

◎撰文/彭永桂（中国船舶集团有限公司）

深中通道被誉为横跨珠江口的百年门户工程，是世界级的"桥、岛、隧、地下互通"集群工程，东起广东省深圳市宝安区鹤洲立交，西至广东省中山市横门枢纽，全长24千米。深中通道建成通车之后，由深圳到中山只需30分钟即可到达，彻底改变了粤西地区民众到深圳必经虎门大桥的历史，更大大减轻了虎门大桥的交通压力。深中通道是国家重大工程，是打通粤港澳大湾区交通网络的重要一环。深中通道的沉管隧道是世界上最宽的海底沉管隧道，建设过程中，建设者们攻克了哪些技术难题呢？

"三明治"结构有玄机

珠江口是粤港澳大湾区城市群国际贸易的主要通道，每天都有大量轮船在此进出。随着船舶大型化的快速发展，如果深中通道全部采用桥梁结构，可能会使大型船舶无法通行。因此，为保证珠江口航道通畅，全长24千米的深中通道有6.8千米采用了沉管隧道结构，隧道的建设由32个沉管拼接而成。深中通道的沉管隧道是世界首例特长、特宽、特深的海底沉管隧道，对建设者来说是一个巨大挑战。

沉管隧道工艺在已经建成的港珠澳大桥中也有少量采用，但港珠澳大桥的沉管隧道采用的是钢筋混凝土结构。而深中通道沉管隧道长度更长，如果也采用钢筋混凝土结构，生产周期就无法保证。经过专家组反复论证，最终采用了"三明治"结构工艺，这也是世界上首次在大型桥隧建设中采用"三明治"结构工艺建造沉管隧道。建设者们先用内外两层钢板制造出巨型钢壳，然后在两层钢板之间分隔成2000多个体积为4~16立方米、用来浇筑水泥的隔仓。水泥就如同"三明治"的夹心层，而外层的钢壳就是面包片。

"巨无霸"长腿自己走？

沉管钢壳的一个标准管节长度为165米，截面宽23米，高10.6米，平均用钢量超过1万吨，如果按一辆卡车装载20吨计，至少需要500辆卡车才能装得下。据了解，一个完整的管节排水量达到8万吨，相当于一艘大型航空母舰的排水量。这么大的"巨无霸"是如何被装船运送到施工现场进行安装的呢？

运输沉管钢壳的船叫半潜驳，是一种可以通过加注和排放压载水来实现自身上浮和下沉的工程船。半潜驳有一个可以装下沉管钢壳的大甲板。工人师傅将半潜驳开到码头边上，通过调整压载水，使半潜

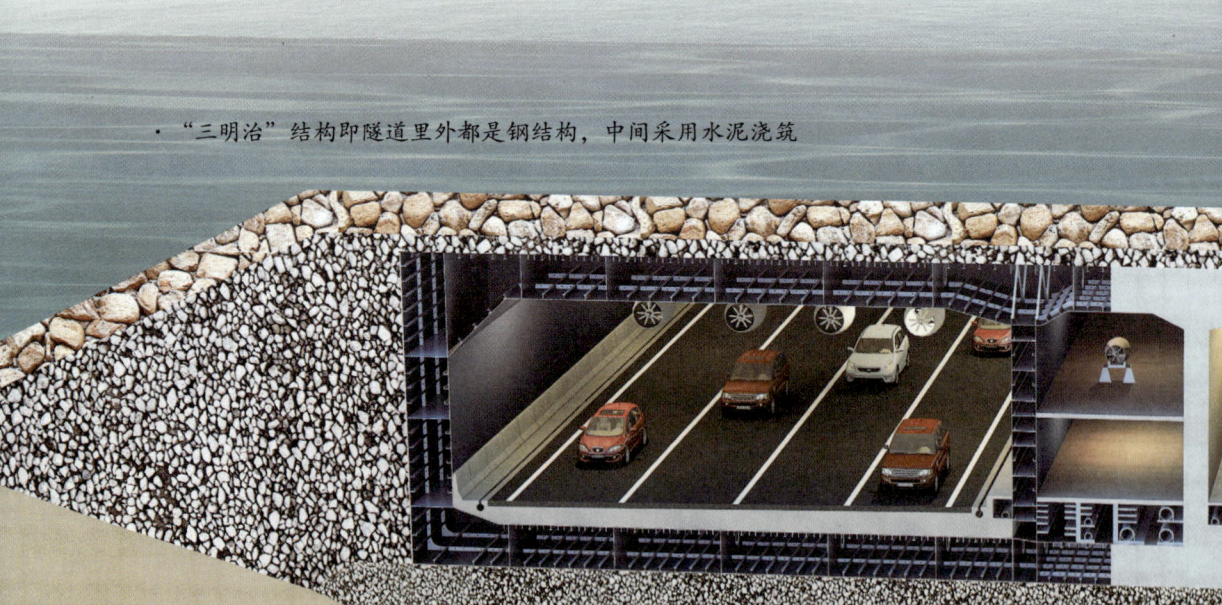

· "三明治"结构即隧道里外都是钢结构，中间采用水泥浇筑

驳的甲板和码头的地面齐平，工人师傅把提前铺设在半潜驳甲板上的钢铁轨道和铺设在码头上的钢铁轨道对接起来，剩下的工作就是要让巨大的沉管钢壳自己"走"上船。

沉管钢壳在搭建之初，工程师就在钢壳底下预留了运载小车进出的空间，工人师傅只需要把一种拥有好几十排轮子的动力模块平板车开到沉管钢壳下面即可。动力模块平板车也叫"超级千轮车"，被誉为

· 被称为"超级千轮车"的动力模块平板车

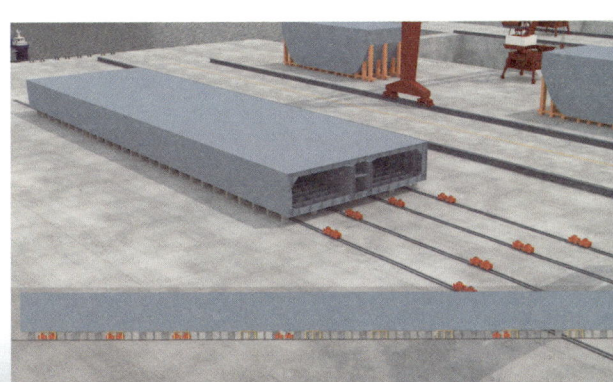

· 沉管钢壳放置于动力模块平板车上

世界上轮子最多的车,车体自身可以组合拼接,长度可达80多米,不仅能够纵向和横向移动,还可以实现原地转轮、掉头等灵活操作。

当所有动力模块平板车开到钢壳下面之后,工人师傅通过启动动力模块平板车自带的油压系统把沉管钢壳顶升起来,巨大的沉管钢壳就像长了许多腿一样,可以自己慢慢"走"上早已等待它的半潜驳了。

给沉管隧道穿上"潜水服"

沉管隧道要长年累月浸泡在海水中,是如何防止钢板被海水腐蚀的呢?

首先,要进行防腐涂装。这些钢壳在工厂建造的时候,技术工人们在把所有钢结构安装、焊接完成之后,就会把钢壳的里里外外进行一次彻底的打磨清洁,再均匀涂抹上一层可以防止海水腐蚀的涂层。就像给钢壳穿上一件贴身的"潜水服",当钢壳潜入水中的时候,这身"潜水服"就会把海水挡在外面,海水不会和钢壳直接接触,起到很好的防腐作用。

其次，为了达到双重保险的效果，工程师还在钢壳的表面安装了许多锌块，也叫"牺牲阳极"，这是防止钢壳被海水腐蚀的秘密武器。因为锌块的还原性比钢板要强，利用锌块作为保护极，与被保护的沉管钢壳相连构成原电池，还原性较强的锌块作为负极发生氧化反应而消耗，沉管钢壳作为正极，这样就可以避免被海水腐蚀。

在深中通道沉管隧道的建设过程中，建设者们运用了许多"黑科技"，攻克了诸多技术难题。深中通道如同一条巨龙，在伶仃洋中"涉险滩、闯急流"，展现着中国建设者们的智慧和实力。

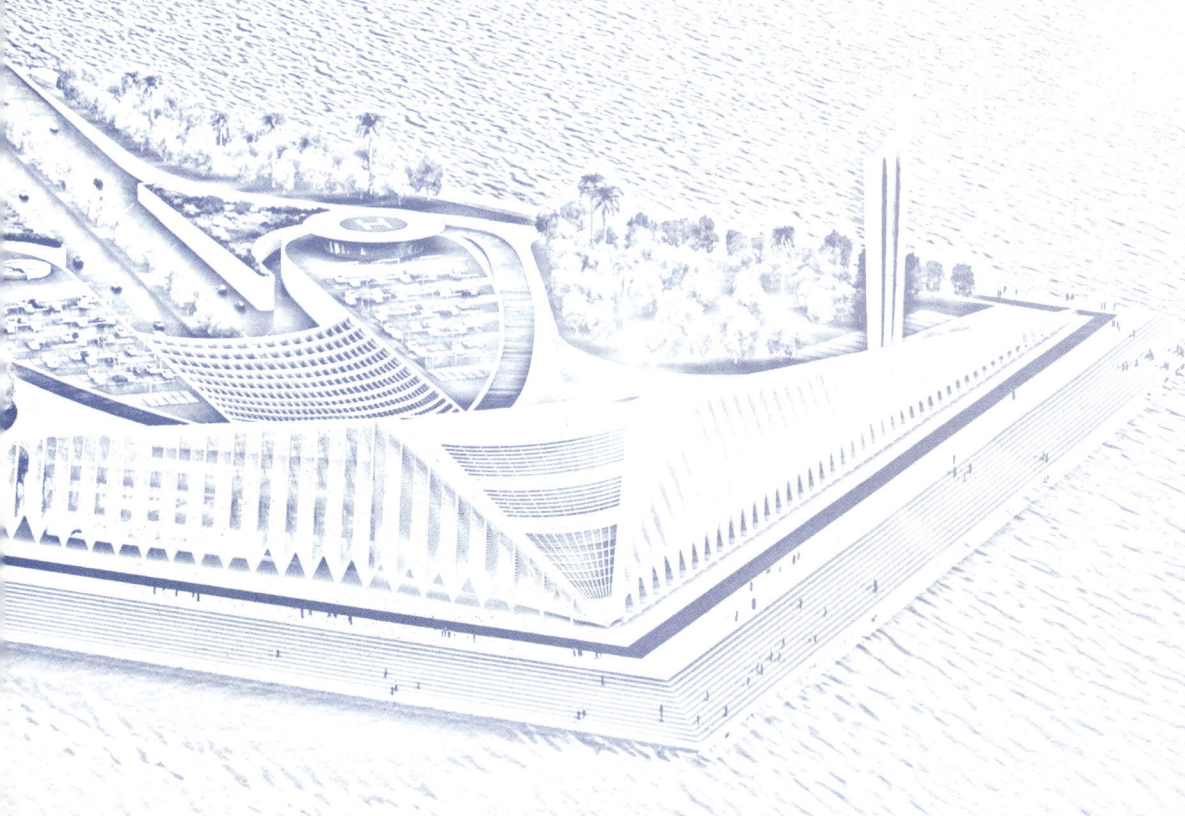

"远水解了近渴"
——南水北调工程

◎撰文 / 孙珂（中国南水北调集团中线有限公司渠首分公司）

截至 2024 年 12 月，南水北调东、中线一期工程已累计调水 767 亿立方米，约相当于黄河一年半水量，惠及沿线 1.4 亿人口。南水也由原来的补充水源，跃升为许多大中型城市的主要水源，河北白洋淀、山东济南泉群等一大批水域也得以重现生机。

·南水北调东线台儿庄泵站（供图/孙珂）

·南水北调中线穿黄工程（供图/杨卫 南水北调中线干线穿黄管理处）

"远水解了近渴"：南水北调

当你打开水龙头，感受着细密水流，有没有想过它从哪里来？如果你生活在北方，它很可能来自世界上受益人口最多的调水工程——南水北调工程。该工程于20世纪50年代规划论证，在2002年正式开工。目前，其东、中线一期工程，已分别于2013年11月、2014年12月正式通水。

南北调配东西互济

中国是联合国认定的"水资源紧缺"国家，人均水资源占有量只及世界的1/4，时空分布也不均衡。为此，"北方向南方借点水"——南水北调工程（以下简称"南水北调"）的构想被提出。

南水北调从长江下游、中游、上游，规划了东、中、西3条调水线路，分别与长江、淮河、黄河、海河相互连接，构成中国中部地区水资源"四横三纵、南北调配、东西互济"的总体格局。

据规划，整个工程建设时间需40~50年，将根据实际情况分期实施。2022年7月7日，南水北调后续工程中线引江补汉工程正式开工。

过泵穿渠南水北上

中国地势西高东低，北方多平原、南方多丘陵山地。俗话说"水往低处流"，那南水是如何北上的呢？南水北调目前已完成并投入运行的东、中线一期工程，虽说都是调水工程，但实现调水的手段却截然不同。

东线工程：提水爬坡自流分路

东线一期工程是在江苏已有的江水北调工程基础上建成的。它从位于长江下游的江苏扬州江都抽引长江水，再利用京杭大运河及与其平行的河道逐级提水北送，连接起调蓄作用的洪泽湖、骆马湖等湖泊，经过"低－高－低"的地势，总历1466.5千米分别调水至天津和山东。

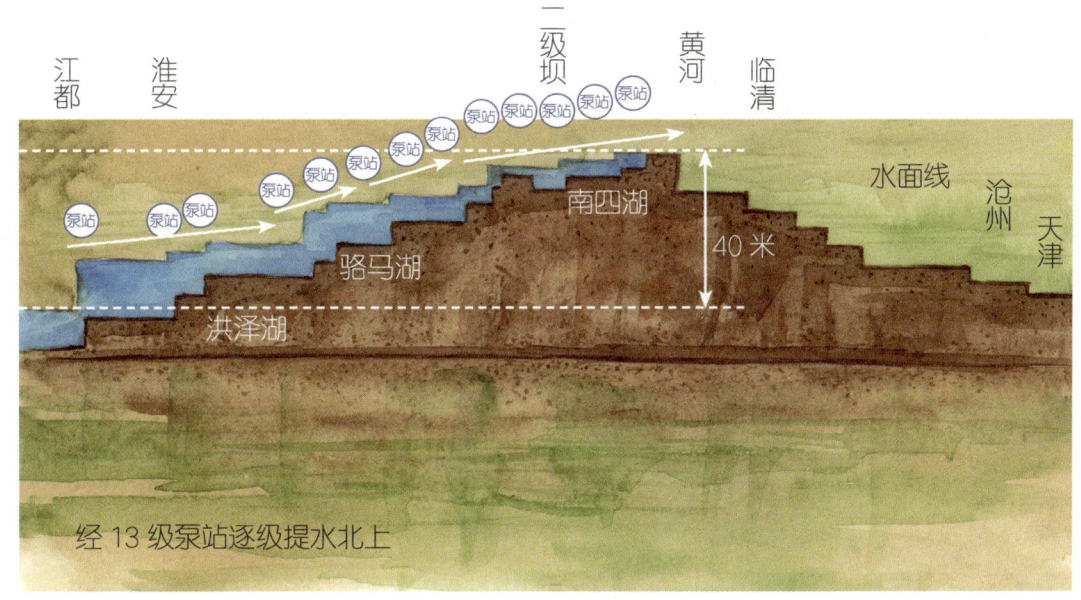

·泵站逐级提水北上示意图（绘图 / 骆玫）

　　东线工程中间节点——黄河东平湖的海拔高于位于江都的输水源头，因此在这一段，南水北上要实现"水往高处流"的逆自流旅程。对此，工程师们用了13个梯级泵站，共22处枢纽、34座泵站——南水通过一个一个泵站，由闸坝一级一级提升，逐步爬升13个"台阶"到达东平湖，提水高度40米。

　　越过高点，南水出黄河东平湖后，就可以开启由高到低的自流旅程了。这段旅程分两路：一路向北，在黄河旁的位山附近经隧洞穿过黄河，输水到天津；另一路向东，通过胶东地区输水干线经山东济南输水到山东烟台、威海。

明渠

管涵

渡槽

倒虹吸

隧洞

中线工程：加坝扩容　遇水搭桥

中线一期工程的"水龙头"是加坝扩容后的丹江口水库河南南阳陶岔渠首闸，从这儿到它的目的地北京团城湖，南水要北上1432千米（其中天津输水干线156千米）。与东线不同，南水于这段旅程中，是在100米左右的落差中自流北上。

虽然可以自流，但在北上途中，南水要穿越600多条河流，为保证其不受沿线河流水的污染，需要让水流相互隔离，实现"立交"，也就是遇水搭桥。

为达成这个目标，中线采用在河道上方建渡槽、在河底穿隧洞等"上天""入地"的方式，建成世界规模最大的U形输水渡槽工程"湍河渡槽"、世界综合规模第一的渡槽工程"沙河渡槽"、国内直径最大的输水隧洞"穿黄隧洞"等

· 南水经过的一些输水建筑物示意图
（绘图／骆玫）

多种类型输水建筑物。

最终，南水经过渠道、水闸、渡槽、倒虹吸、隧洞、暗涵等多种类型输水建筑物，到达终点——北京团城湖。

两线穿黄同而不同

让清澈的长江水穿越滚滚黄河，是东线与中线工程都要面对的问题。虽然"入地"的隧洞方案是它们的共同选择，但是成洞方式却截然不同。

东线穿黄：条件优良爆破成洞

东线穿黄工程位于山东聊城，地质条件非常好：隧洞的入口、出口都是山，连接两座山底的也是一块整体岩石。另外，隧洞所处位置黄河河床窄，基岩面较高，围岩成洞条件好，与黄河有关的总体规划布局矛盾也少。

该工程使用爆破掘进成洞，洞身内壁采用水泥灌浆、钢筋等措施进行加固，在黄河主河槽隐伏山梁下穿过，最大埋深达 70 米，开挖洞径 8.9—9.5 米，洞长 585.38 米。

中线穿黄：条件复杂"夹心"隧洞

中线穿黄工程就没有东线那样幸运了。作为南水北调中线一期工程中的关键、控制性工程，它于河南郑州黄河上游约 30 千米处穿黄。这里地质条件复杂，有位于地震区、河床沙构易液化、黄河水流变化紊乱等多种不利工程条件。

为适应黄河游荡性河流与淤土地基条件的特点，中线穿黄隧洞工

· 河南温县，南水北调中线穿黄工程北岸出水口（供图／孙珂）

程设计了中国第一条双层衬砌隧洞。隧洞长 4250 米，内径 7 米。

它的外衬为预制管片，抵御外水压力；内衬为现浇结构，抵抗内水压力；中间还有一层排水系统——3 层结合就是"夹心饼干"。有了内外的"双层护甲"，这块"夹心饼干"既可以抵抗黄河"摇摆"等巨力的"扭一扭"，也能扛得住黄河水和洞内水的"泡一泡"。

人分南北，地分南北，心不分南北。南水北调工程宛如一条坚韧的纽带，将南方与北方紧密相连。它不仅仅是水利设施的建设，更是全国人民团结一心、携手共进的生动体现。无论是工程建设期间的攻

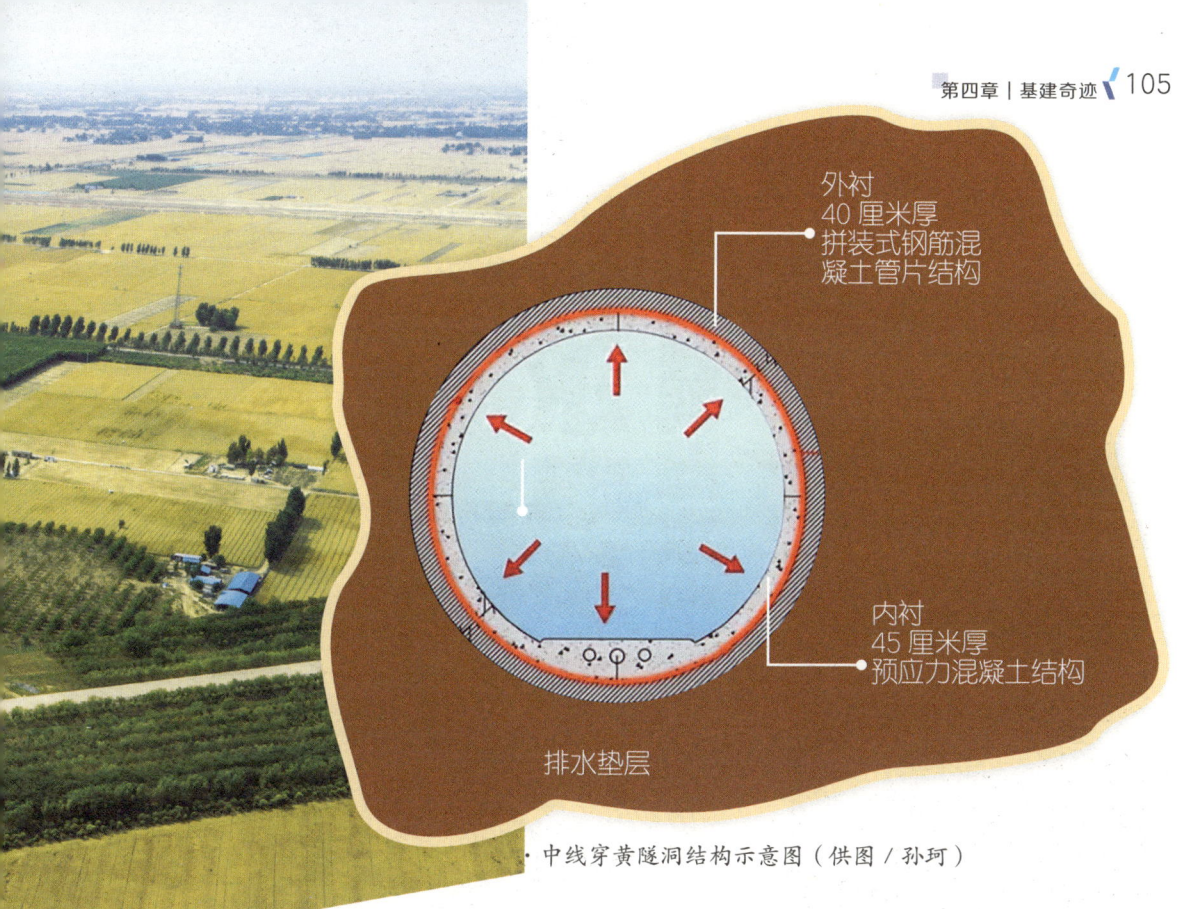

中线穿黄隧洞结构示意图（供图 / 孙珂）

坚克难，还是通水后的运营管理，都凝聚着全国各地人民的心血与支持，彰显出全国一盘棋的强大凝聚力。

　　从规划论证，到渠通南北；从落后的技术条件下面对的重重困难，到一代又一代水利科技工作者百折不挠、科学论证后的创新实践，南水北调历经 50 年，终于初步打通了长江向北的供水通道。汩汩南水奔流，不仅滋养着北方大地，也开创了人类水利史上的奇迹。万物因水而生，无论你身处何地，所用的每一滴水都无比珍贵。节约用水，不仅是对地球生态的保护，也是对把水送到千家万户的水利工作者发自内心的尊重！

世界水电技术的"珠穆朗玛峰"
——白鹤滩水电站

◎撰文／李明熹（中国电建集团华东勘测设计研究院有限公司）

长江自青海发源，穿行于西藏、四川、云南的高山峡谷，水色金黄、古产沙金，故在此段又称金沙江。这里流急坎陡、水势惊险、落差巨大，是中国水能资源的富矿。2010年10月开工、2021年6月首批机组投产发电的白鹤滩水电站，就坐落在其下游段，被称为"当今世界在建规模最大、技术难度最高的水电工程"。

泄洪中的白鹤滩水电站

· 白鹤滩水电站大坝俯视图（供图 / 李明熹）

极复杂的地质，极优越的水能

早在 20 世纪 50 年代，中国就在金沙江下游开展了水电站规划选点工作，认为此处十分适宜开发建设梯级水电站（指水能资源开发中，相邻联系比较紧密、互相影响比较显著、地理位置相对比较靠近的水电站群）。但因经济和技术条件限制，直到 20 世纪 90 年代，金沙江下游巨型梯级水电站（金沙江下游现有乌东德、白鹤滩、溪洛渡、向家坝 4 座梯级水电站）的设计建设才开始落地。

位于四川省宁南县和云南省巧家县交界处的白鹤滩水电站是其中最大的一级，地质条件也最为复杂。研究人员经过 1991—2000 年的 10 年勘察、2001—2010 年的 10 年设计，最终攻克了各项世界级难题，完成了稳妥完善的设计方案。

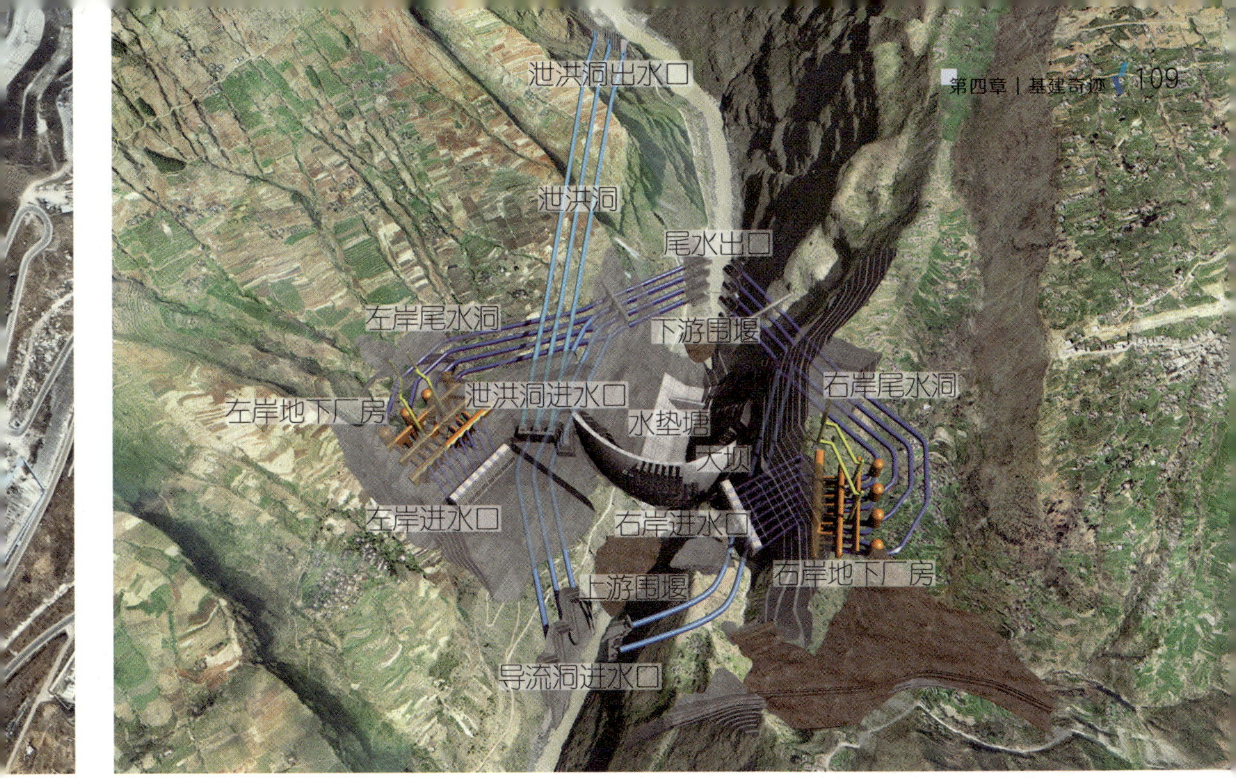

·白鹤滩水电站三维效果图（供图／李明熹）

水电站的建设围绕着岩石开展，因此地质条件对技术难度的影响是决定性的。而工程师们艰苦攻关的世界级难题，也大都由当地的复杂地质条件"提供"。例如：其大坝所在的河段，峡谷左缓右陡，对要求受力对称的拱坝非常不利；大坝脚下、厂房头顶存在大面积的柱状节理玄武岩，非常易碎；其两岸山体由11层岩浆和火山灰堆叠而成，层间错动带脆弱透水。

那为何还要在此建水电站？因为与极端复杂的地质条件伴生的，是极其优越的水能条件。据估计，若白鹤滩水电站全部机组一起发电，其一天的发电量可为50万人口提供一年的生活用电。

巨大"零件"助力水资源利用

工程师们设计了一系列巨大的"零件",以充分利用白鹤滩河段的水力资源。

首先说大坝。白鹤滩水电站坝高 289 米,是非对称双曲拱坝。大坝拦挡江水,形成水库,使水的势能得以保存,同时坝身开孔可宣泄 2/3 的洪水。别看它坝高居世界第三,其总水推力 1650 万吨却是世界第二,反拱型水垫塘(重要的泄洪消能设施)规模更居世界第一,水平地震加速度设计值也是世界第一。

再次是洞室群。水电站的 300 多条洞室组成了引水发电系统洞室群。引水洞把水引到主厂房,将水的势能转化为动能,推动水轮发电机转动;发完电的水,通过调压室的平衡,由尾水洞排出山体;泄洪洞可宣泄 1/3 的洪水。其中,世界最大的主厂房,长 438 米、宽 34 米、高 88 米,可以放进一艘航空母舰——左右岸各建设 1 个;世界最大的调压室,高 120 多米、直径 48 米,可以放进 3 架头尾相接的运 -20 运输机——左右岸各建设 4 个。洞室总长度超过 230 千米,规模世界第一。

另外,这里还有 16 台水轮发电机组。其单机容量达 100 万千瓦,居世界第一;总装机容量为 1600 万千瓦,居世界第二。机组把水的动能转化为电能,再转换成交流电并接入电网,就可以送到千家万户了。机组以外的辅助设备,包括变压器、开关设备、输电设备等,规模都居世界第一或前列。

虽说中国很多工程都能举出世界级的指标,但像白鹤滩水电站这

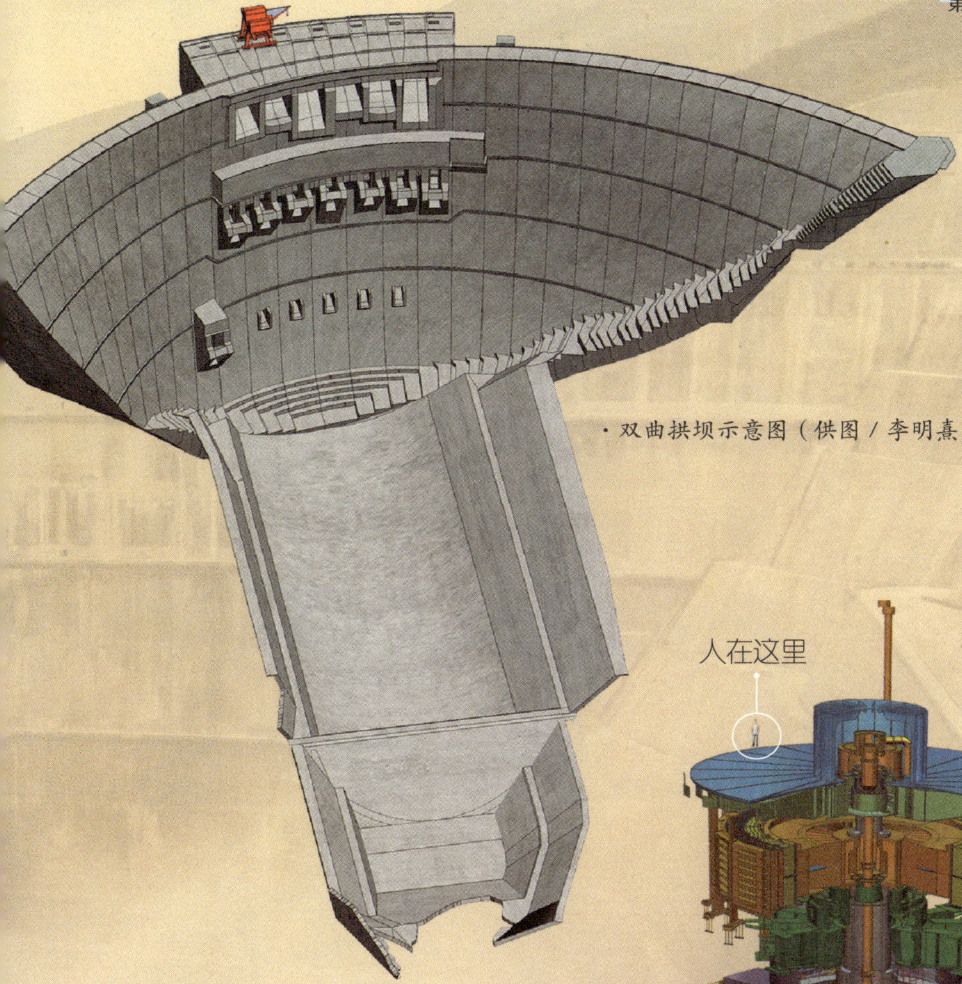

第四章 | 基建奇迹 111

· 双曲拱坝示意图（供图／李明熹）

人在这里

· 单个机组与成年男子的比例示意图（供图／李明熹）

· 左岸地下厂房（供图／李明熹）

样几乎所有指标都居世界前列的，却十分罕见，再与极端复杂的地质条件叠加，对技术难度的增益难以想象。

"积木"上筑起的无缝拱坝

白鹤滩水电站大坝除了非对称、双曲体型设计复杂之外，基础处理是最大难点。因为在其大坝下方，存在大面积的柱状节理玄武岩，这种岩石虽然在原生态情况下非常坚固，但一旦开挖就会松弛，就像拆积木时一样。当时，国内外还从未在柱状节理玄武岩上建过如此高坝。

为解决此难题，工程师们联合科研人员全面系统地研究了此类岩体的力学特性。他们通过现场小规模爆破试验和声波测试等方法，揭示出此类岩体松弛变形的时空规律，从而制定了"厚层保护、灌浆固结、深层锚固、精准爆破"的综合处理措施。经过长达4年小心翼翼地开挖锚固，2017年4月，大坝基础建设完成，全面达到技术质量要求，开始浇筑大坝主体混凝土。

白鹤滩水电站大坝体积巨大，主体混凝土用量达2000多万吨。传统混凝土在硬化时会大量放热导致温度骤升骤降，热胀冷缩必然会产生裂缝。为建设高性能无缝大坝，工程师们放弃使用洞室开挖出的大量玄武岩，选中50公里外一座灰岩构成的小山，开挖破碎制成混凝土骨料（灰岩混凝土骨料放热低，不易产生裂缝）。此外，工程师们还合作研发出低热水泥和智能通水冷却系统，三管齐下，大幅压制了混凝土放热。

又一个4年过去，2021年5月，那座灰岩小山挖平了，白鹤滩大坝筑了起来。它打破世界水电界"无坝不裂"的行业"魔咒"，创造了高性能无缝特高拱坝的工程奇迹。

· 典型柱状节理玄武岩（供图/李明熹）

"千层糕"里挖出巨型电站

白鹤滩水电站左右岸两座巨大的地下电站，被多条层间错动带（影响地下洞室围岩稳定性的主要地质构造之一）、断层带横穿，就像在千层糕里挖迷宫一样，上部山体压力更是最高达33兆帕，相当于水下3300米的压力。为防止顶拱受压变形和洞群复合变形，工程师们自主研发三维数字可视化设计平台，精算出既牢靠又经济的洞室体型和支护措施。

在施工过程中，工程师们通过洞室内装设的上千个监测仪器，全天候监控洞室承压情况，及时调整优化支护措施和施工时机，确保万无一失。2014—2019年，经过6年精心施工，巨大的洞室群全部开挖完成；2022年12月底，全部16台机组投产发电，电力通过两条±800千伏特高压线路分别送往苏州和杭州。

白鹤滩水电站是实施"西电东送"的国家重大工程。中国的水电工程科技，从20世纪五六十年代跟在发达国家后面跑，到八九十年代并跑，再到现在遥遥领先，凝聚着几代中国水电人的心血、汗水和智慧。未来，水电和新能源等可再生能源开发还大有可为，水电人也会继续努力、一往无前，为中国实现"双碳"目标、更好地服务人民群众，作出新的更大贡献。

穿越"地质博物馆"的铁路——新成昆铁路

◎撰文 / 郭静（中国铁道学会）

60多年前，老成（四川省成都市）昆（云南省昆明市）铁路的建成书写了人类征服自然的奇迹。2022年6月21日，21世纪的新成昆铁路核心控制性工程——小相岭隧道顺利贯通，标志着在建新成昆铁路隧道全线贯通。这不仅是老成昆铁路传奇的续写，更是中国铁路建设者们又一次对极限的挑战。

新成昆铁路建设过程中遇到了哪些地质难题？中国铁路建设者们又是如何用科技的力量攻克这些难题的呢？

・新成昆铁路（摄影 / 罗春晓）

· 成昆线读书铺站是新、老成昆铁路的交会车站（摄影 / 罗春晓）

新成昆铁路上的"拦路虎"

2007 年，全长 860 千米的新成昆铁路正式开工。新成昆铁路与老成昆铁路的走向大致平行，而又截弯取直。隧道，就是"拉直"线路的主要方式。

不论是老成昆铁路还是新成昆铁路，铁路沿线都是山势陡峭、深涧密布、沟壑纵横，地形和地质极其复杂，被称为"地质博物馆"，曾被外国专家断言为"铁路禁区"。

隧道施工中面临着涌水、涌砂、塌方、活动断裂、断层破碎带、

· 在小相岭隧道施工过程中，突发涌水情况
（摄影／中新社记者 刘忠俊）

软岩大变形、岩爆、高地温等工程地质难点。

以新成昆铁路线上最长隧道——小相岭隧道为例，水害即涌水是建设过程中最大的"拦路虎"，水量之大、风险之高国内罕见。

涌水指的是由于隧道的掘进破坏了含水层结构，使水动力条件和围岩力学平衡状态发生急剧改变，致使地下水体所储存的能量以流体高速运移形式瞬间释放而产生的一种动力破坏现象。

涌水是隧道施工中仅次于塌方的地质灾害之一，水的主要来源有地表水体、溶洞及暗河水、老窑积水或古矿洞积水、含水层及断层水。

在隧道施工过程中，常常会引起隧道围岩应力（地下洞室周围岩石中单位面积上的内力强度）松弛或集中，使围岩遭到破坏，也会使隔水层的有效保护厚度相应减小，导致围岩稳定性降低，从而增加隧道涌水的风险。

此外，隧道的涌水量随地形地貌条件及隧道位置的变化而变化，隧道越长、经过的水文地质单元越多、汇水面积及补给范围越大，其单位涌水量就越大。

如何攻克难"啃"的硬骨头

在设计之初，小相岭隧道即在中部设置了"人"字形排水坡，以应对可能出现的严重的涌水问题。施工过程中，建设者们坚持"治岩先治水、治水先泄压、泄压先排水"的原则，引进国内先进的全电脑三臂凿岩台车、湿喷机械手等大型工装设备，采取探水、泄水、排水、分水等多种举措，改善围岩地质条件，使风险频率和规模大大降低。通过增设止水墙，将涌水通过横洞排至自然河道，或者采取加深加宽排水槽的方式，加大排水量，最终"驯服"了涌水。

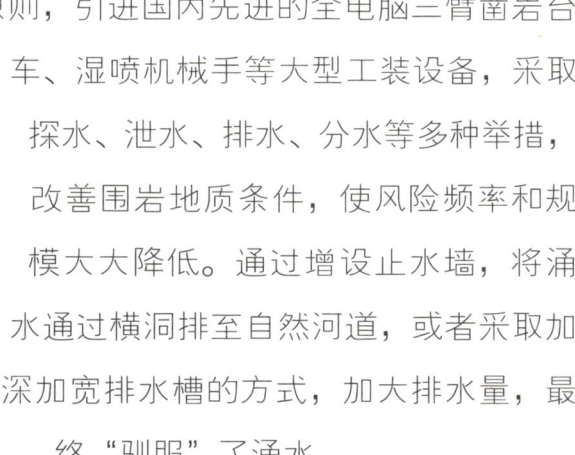

· 全电脑三臂凿岩台车进行钻爆作业，实现智能定位和全自动高效智能化钻孔，凿岩速度快，安全系数高，爆破效果好（供图／郭静）
· 湿喷机械手，其工作范围最远达16米，用于喷射混凝土（供图／郭静）

在隧道开挖过程中，受应力变化（指日积月累有个力一直在变化）影响，山体软岩容易变形。要解决变形问题，就要给岩体减压，如图所示，即需要把隧道断面扩大，预留出变形空间，建设人员使用钢制拱架进行加固，将突起的不规则岩石锁定在拱架上。

据统计，小相岭隧道施工中遇到岩溶暗河，累计涌水量超过 2 亿立方米，相当于 15 个西湖的水量。面对每一次突发状况，建设者们都临危不乱、迎难而上，用科学方法冷静应对，使施工得以顺利推进。

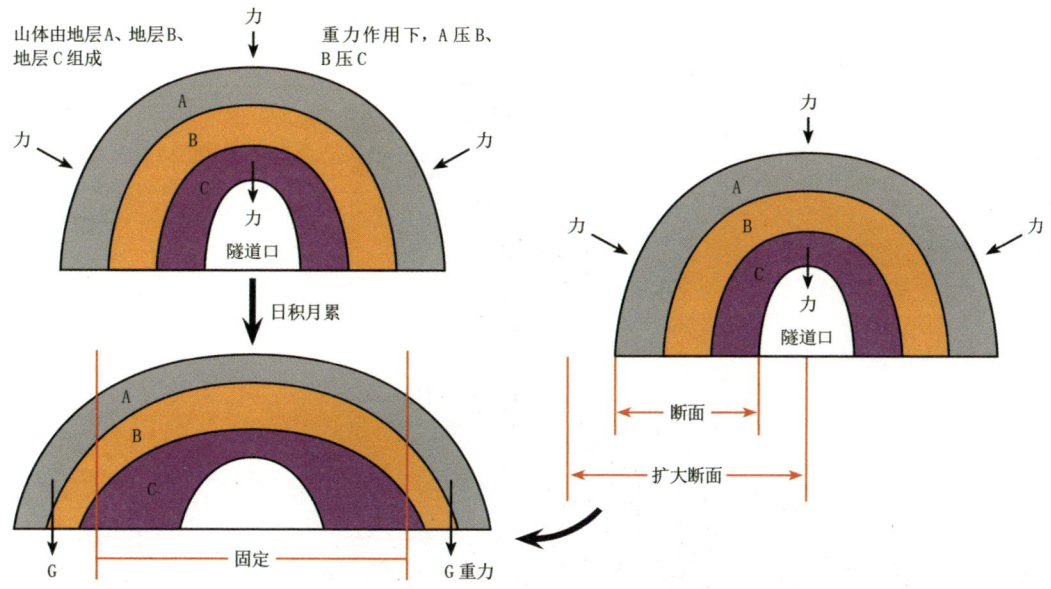

· 为了不让隧道壁垮掉，要扩大断面，提前预留由于重力而下坠的范围并对其进行加固（供图 / 马骁）

终于，小相岭隧道穿越了10条断层和2条褶曲，洞身穿越了约4.5千米的可溶岩区段，经过2200多天的艰苦奋战，迎来了全线贯通的胜利。2022年12月26日，新成昆铁路实现全线贯通运营。

新成昆铁路再次穿越"地质博物馆"，并全线贯通运营。新、老成昆线客货分离，时速80千米的老成昆线以货运为主，时速160千米的新成昆线以客运为主。新、老两条"天堑之路"，将共同助力沿线地方经济发展，谱写铁路建设发展新篇章！

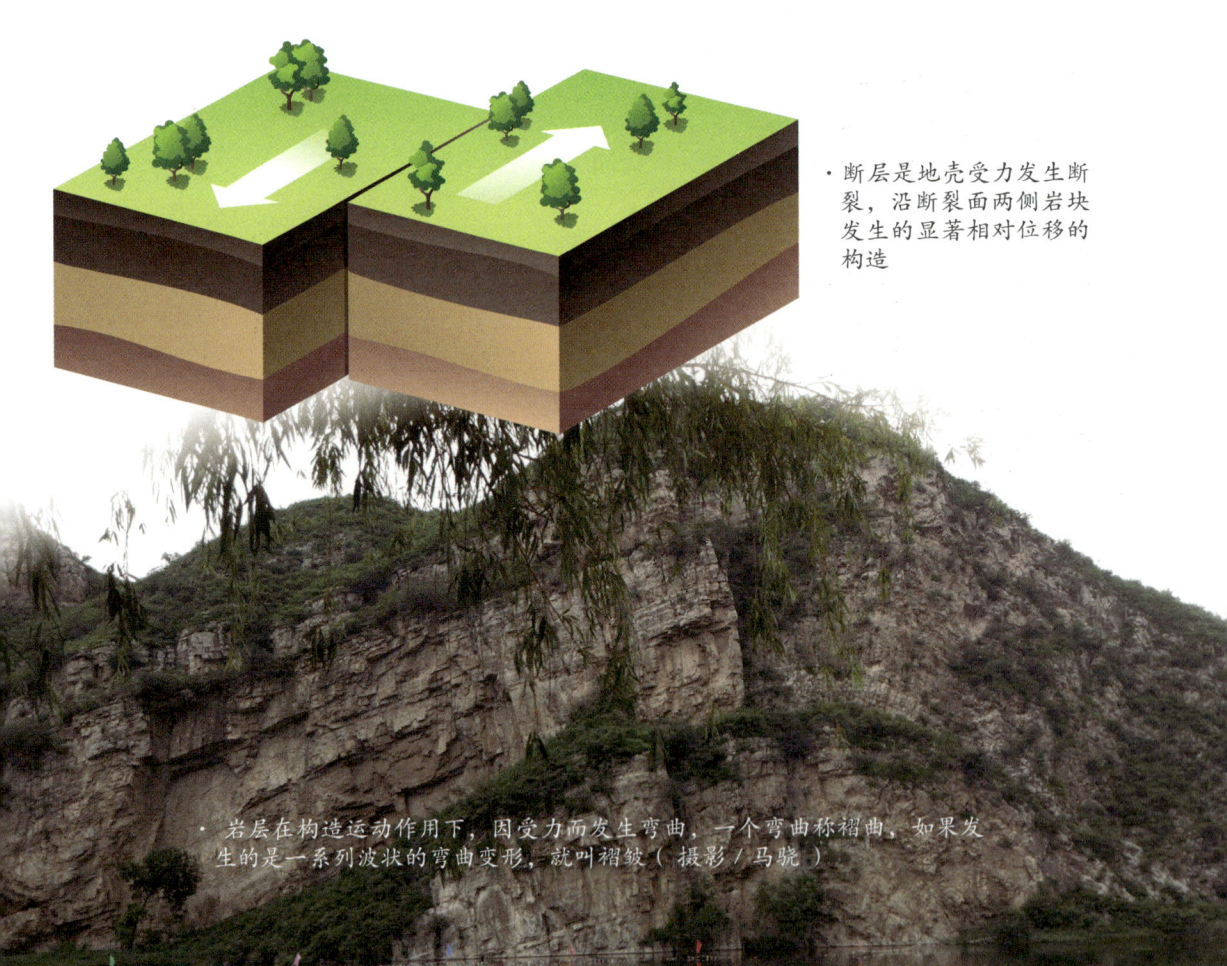

·断层是地壳受力发生断裂，沿断裂面两侧岩块发生的显著相对位移的构造

·岩层在构造运动作用下，因受力而发生弯曲，一个弯曲称褶曲，如果发生的是一系列波状的弯曲变形，就叫褶皱（摄影/马骁）

勇闯"铁路禁区"的老成昆铁路

20世纪60年代,30多万名铁路建设者在中国西南地区的崇山峻岭间修建起了一条举世瞩目的山岳铁路——成昆铁路,在当时开创了18项中国铁路之最、13项世界铁路之最,与阿波罗登月、第一颗人造卫星被联合国并称为"象征20世纪人类征服自然的三大奇迹"。

老成昆铁路始建于1958年,1970年全线竣工运营,全长1085千米,是纵贯中国西南、西北地区的交通大动脉。

当时中国的施工和装备水平相对落后,钢轨全部靠人工抬运,隧道施工全靠建设者们用大锤、钢钎一点点凿孔爆破,即使全天24小时施工,每天掘进仍不足一米……老一辈铁路建设者们坚持不懈、克服万难,经过12年的艰苦鏖战,凿穿了几百座大山,修通了427座隧道,架设了991座桥梁,终使难以逾越的天堑变成了通途。

· 老成昆铁路关村坝站

第五章 科技前沿

地球的"数字孪生兄弟"
——"寰"

◎撰文/曹美春（中国科学院大气物理研究所）

在漫漫历史长河中，地球气候一直都处于冷暖干湿相互交替、变化周期长短不一的波动变化中。然而，自第一次工业革命（18世纪60年代至19世纪中期）以来，随着二氧化碳等温室气体的大量排放，这种波动变化被打破了，地球气候呈现出了以变暖为主要特征的系统性变化，即全球变暖。

大量证据表明，全球变暖通过直接或间接的形式，对自然和人类产生了广泛的不利影响。人们不禁要问，气候为何变暖？气候变暖如何适应？未来，全球变暖可能暂停吗？在这样的背景下，地球的"数字孪生兄弟"、国家重大科技基础设施地球系统数值模拟装置——"寰（huán）"，应运而生。

把地球"搬"进实验室

"寰"是用于模拟地球生态环境系统的一种装置,也被称为地球的"数字孪生兄弟"。它以观测数据为基础,利用数学建模,对地球表面各圈层(大气圈、水圈、冰冻圈、生物圈、岩石圈)的物理、化学和生命过程及其演化规律进行描述,并在超级计算机上开展大规模科学计算,由此再现各个圈层过去和现在的演变,并预测其未来。

"寰"把"数字版"的地球"搬"进实验室,观察由不同情景造成气候变暖时,地球系统是如何响应的、各圈层间又是如何相互作用的。

"寰"主体包括5个系统,它们之间组成了一个"三明治"式的结构。

- "寰"的5个系统示意图

"寰"的顶层是模式层，对应两个数值模拟系统，一个是放眼全球的地球系统模式数值模拟系统，一个是聚焦中国的区域高精度环境模拟系统。

"寰"的底层是硬件层，对应一个专门面向地球科学的高性能计算系统。

"夹"在中间的，是由两个系统构成的支撑层：一个是超级模拟支撑与管理系统，它主要给模式层提供软件支撑；另一个是支撑数据库和资料同化及可视化系统，它的功能是数据库与显示层。

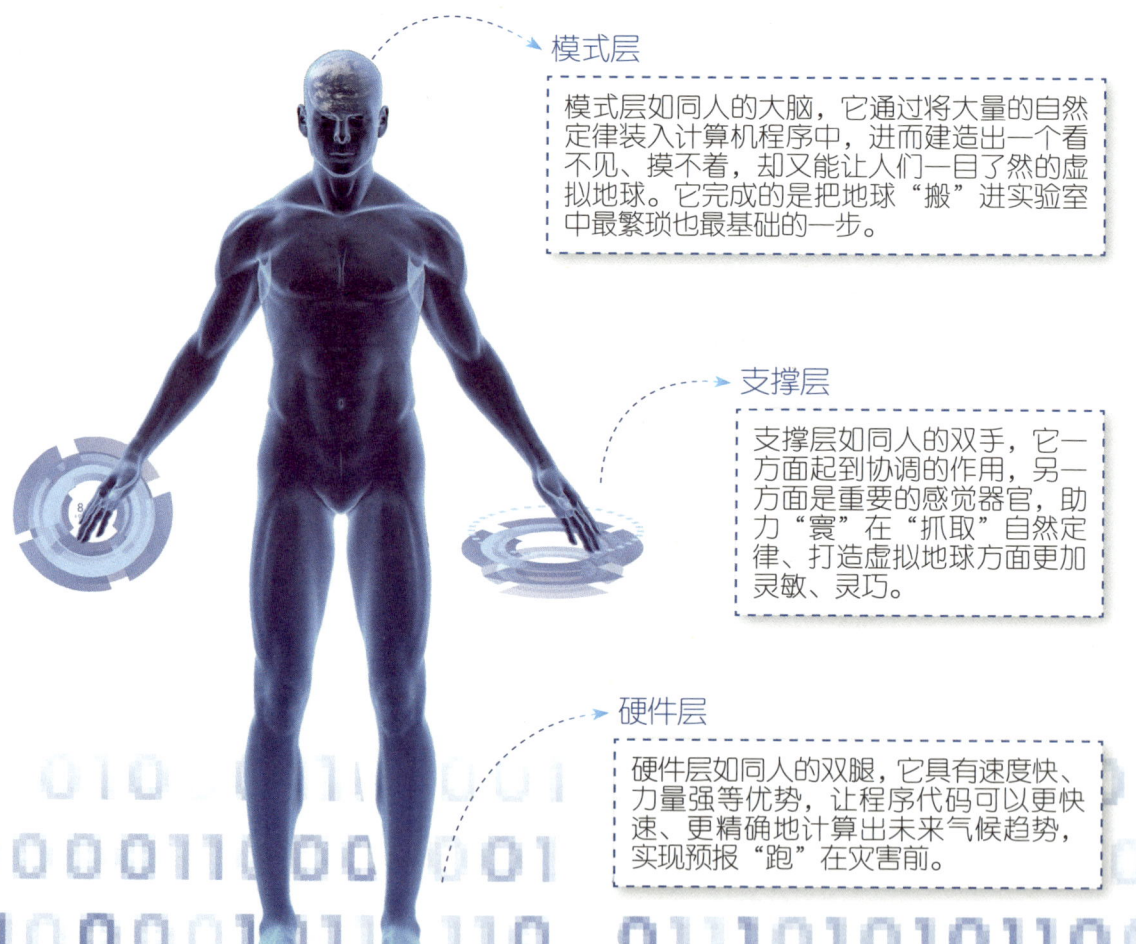

模式层

模式层如同人的大脑，它通过将大量的自然定律装入计算机程序中，进而建造出一个看不见、摸不着，却又能让人们一目了然的虚拟地球。它完成的是把地球"搬"进实验室中最繁琐也最基础的一步。

支撑层

支撑层如同人的双手，它一方面起到协调的作用，另一方面是重要的感觉器官，助力"寰"在"抓取"自然定律、打造虚拟地球方面更加灵敏、灵巧。

硬件层

硬件层如同人的双腿，它具有速度快、力量强等优势，让程序代码可以更快速、更精确地计算出未来气候趋势，实现预报"跑"在灾害前。

软硬件协同设计"寰"原气候变化

"独立自主"是"寰"最值得骄傲的特质,其软硬件的自主化率超过了90%,核心软件为中国首个具有自主知识产权的"完整"地球系统模式 The Chinese Academy of Sciences Earth System Model (CAS-ESM2.0)。如图所示,CAS-ESM2.0由大气环流、海洋环流、海冰、陆面过程、植被动力学、气溶胶和大气化学、陆地生化和海洋生化共8个模式组成,并通过耦合器(存在于软件中,起到模式间交互、链接等作用)来实现圈层间的物质、能量等交换。在不远的未来,CAS-ESM还将把"触角"延伸到临近空间、固体地球与大陆冰盖等领域。

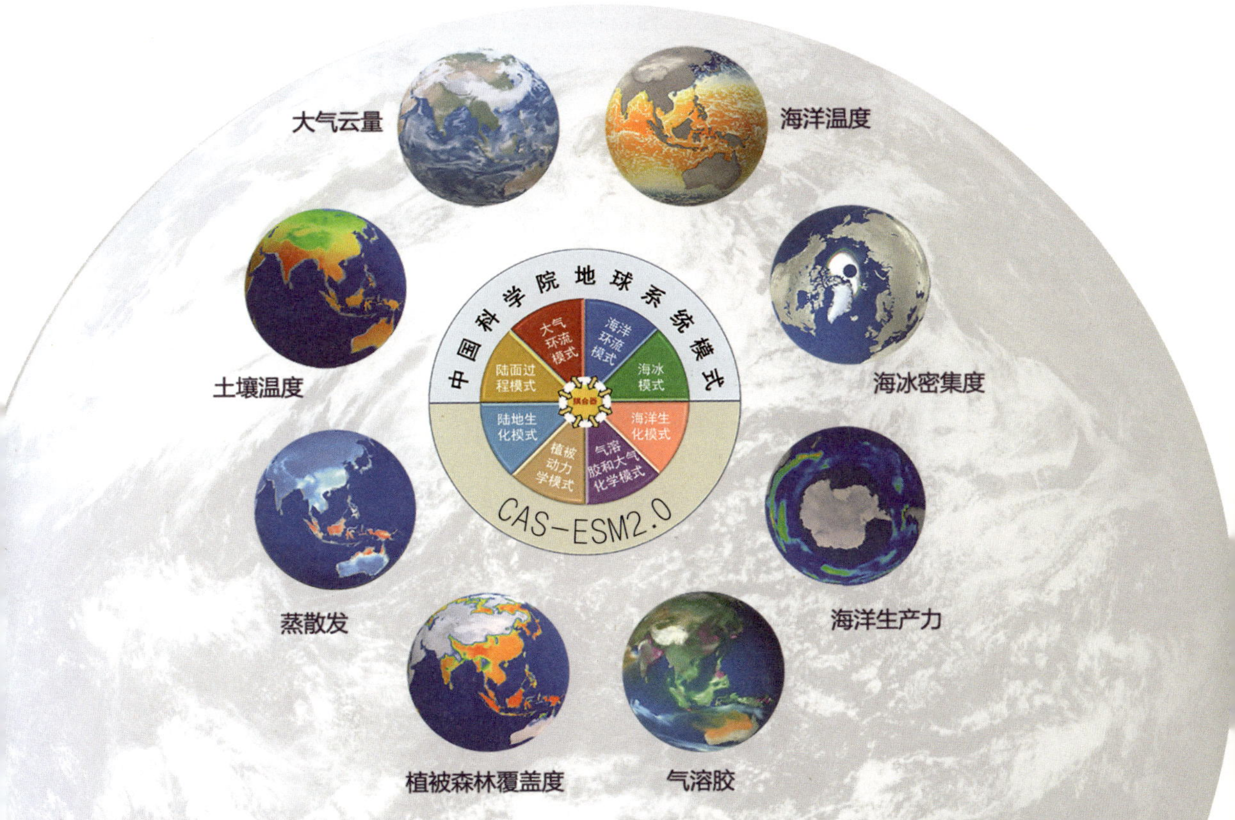

- "完整"地球系统模式 CAS-ESM2.0 示意图

"寰"的另一个软件——区域高精度环境模拟系统，为中国独创，主要针对中国天气预报、大气污染预报预警、农业干旱预测以及气候风险预估等区域环境问题，形成对中国气候、天气、大气污染、农业旱灾等的精确模拟能力。

"寰"的核心硬件——面向地球科学的高性能计算系统，被称为中国地球系统科学领域培养的"特种兵"。它采用独特的计算分区设计，峰值计算能力达15.9PFlops（每秒所执行的浮点运算次数，1PF=10^{15}次/秒的浮点运算），其1分钟的算力相当于全球76亿人同时用计算器不间断地计算4年。这位"特种兵"也"肚量惊人"，提供了126PB（1PB=1024TB）的总存储空间，约为20个国家图书馆的馆藏数据，可保存地球表面各圈层的海量观测及模拟资料。

"寰"力应对气候变化

"寰"能够对现实中的地球进行更准确的描述，不仅"顾全大局"，也"注重细节"，是地球科学研究的一大利器。

助力达成"双碳"目标

2015年联合国气候变化大会上，来自190多个国家的代表一致同意通过《巴黎协定》，承诺将全球气温升幅控制在工业革命前水平2摄氏度之内，并努力将气温升幅限制在1.5摄氏度之内。至此，碳减排成为全球共识。2020年9月，中国首次提出，二氧化碳排放力争于2030年前达到峰值，努力争取2060年前实现碳中和，即"双碳"目标。

地球系统数值模拟装置

被形象地称为"将地球搬进实验室"的大科学装置

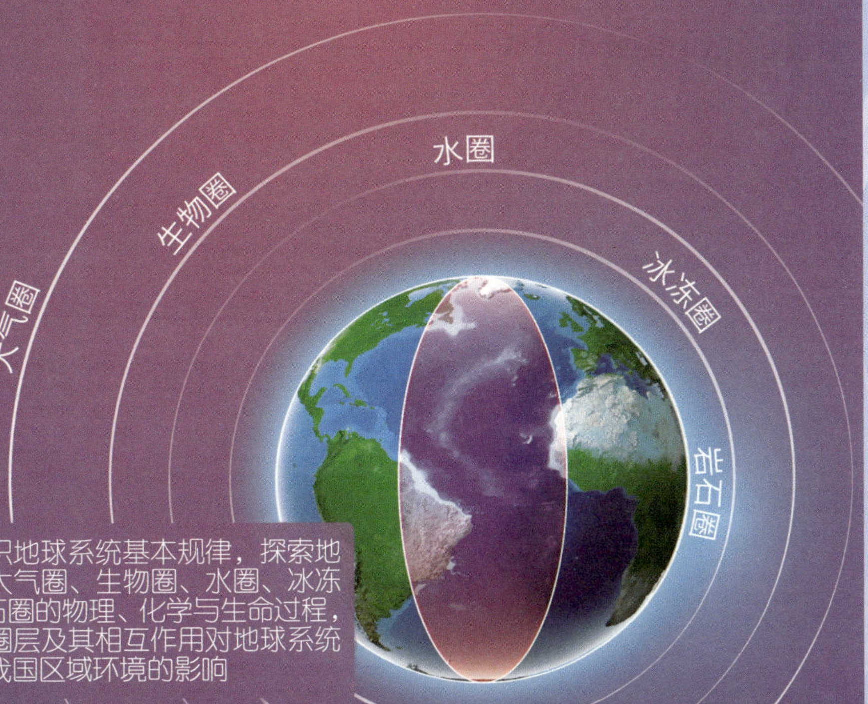

大气圈　生物圈　水圈　冰冻圈　岩石圈

深入认识地球系统基本规律，探索地球系统大气圈、生物圈、水圈、冰冻圈、岩石圈的物理、化学与生命过程，探究各圈层及其相互作用对地球系统整体和我国区域环境的影响

由中国科学院大气物理研究所联合清华大学等共同建设

是中国首个具有自主知识产权，以地球系统各圈层数值模拟软件为核心，软、硬件指标相适应，规模及综合技术水平位于世界前列的专用地球系统数值模拟装置

经过研究人员不懈努力,"寰"在国内率先解决了陆地、海洋碳循环与大气二氧化碳双向耦合(两个系统之间的交互,一个系统的变化可以影响到另一个系统)难题,并首次实现了自主计算大气二氧化碳浓度的时空趋势。因此,无论是温室气体核算、未来温升估计,还是海平面上升、冰冻圈变化对增暖的响应,"寰"都可以精确推演,为实现"双碳"目标提供科学支撑。

助力防灾减灾

2022年7~8月,中国南方地区受持续高温炙烤,多地气温突破历史极值,长江流域多条河系相继断流。2023年8月,京津冀遭遇极端暴雨,北京记录到140年来最大降雨量,受灾人数近900万人。

开展气候预测,有利于及早采取应对和防范措施、降低灾害损失,这正是"寰"的一个长板。经过研究人员长期实践改进,"寰"构建了国际第一梯队的厄尔尼诺(赤道太平洋中东部海水温度异常升高的现象)预测系统,以及具有坚实理论基础的短期气候预测系统。在2022年全国汛期降水预测中,提前、精准地对长江流域高温干旱做出预警,并创下了历史新高(81分)的预测评分。

助力美丽中国建设

近年来,随着环境的治理和改善,细颗粒物、沙尘暴、酸雨、二氧化硫污染等得到有效控制,这背后就有"寰"的科技助力。

治理复杂的大气污染问题,需对污染物进行准确模拟和预报预警,揭示污染的成因,从而采取针对性的防控措施。"寰"的研究人员构建了中国首个具有自主知识产权的大气复合污染传输模式与公里级大气环境预报溯源系统。它具备大气污染物与二氧化碳一体化预报、溯源与调控等功能，高效支撑了空气质量保障、减污降碳协同治理、碳监测评估等国家重大需求。

未来，气候变化仍将是人类要共同面对的问题。"寰"通过数值模拟的方法，精准、全面地认识地球变化，研究气候变化的机制与原因，并预测地球未来，为应对全球气候变化提供有力的科学依据。应对气候变化不仅需要科学助力，也需要每个人的参与，只有大家共同努力，才能实现人与自然和谐共生的美好愿景！

中国"名片"
——"华龙一号"核电站

◎撰稿 / 李强 杨思 荆锐（中国建筑第二工程局有限公司）

探秘"华龙一号"

由于石油、天然气、煤等化石能源逐渐枯竭，人类正积极开发风能、太阳能、生物能等新能源，但新能源还无法完全替代化石能源。

"华龙一号"是中国经过30多年潜心研发,具有自主知识产权的第三代百万千瓦级压水堆核电站,是中国走向世界的"名片"之一!

核电作为优化能源结构、保障能源安全、满足电力需求的最好选择,具有安全、清洁、高效、经济的优点,能满足绿色生态的发展要求,被人类重视并发展起来。

核电站是以核反应堆代替锅炉，以铀为核裂变原料，通过核裂变反应生成热能，再把热能转化为电能的设施。常见的核反应堆有轻水堆、重水堆、气冷堆、快堆等。其中轻水堆按照蒸汽产生过程不同，还分为沸水堆、压水堆及超临界水冷堆。压水堆是世界上在运行核电的主要堆型，装机总容量占所有反应堆总和的60%以上，"华龙一号"也属于压水堆型。

· 核电站厂房内部结构图

"华龙一号"采用单堆布置,机组之间互不影响,每个机组独立一套系统。它主要由核岛、常规岛及其他辅助厂房构成。核岛是核电站的核心部分,主要包括反应堆厂房、燃料厂房、安全厂房、核辅助厂房、放射性废物处理厂房等;常规岛,主要包括汽轮发电机厂房及其附属厂房;其他辅助厂房,包括泵房、应急柴油发电机厂房、全厂断电(SBO)柴油发电机厂房、辅助系统(BOP)厂房等。

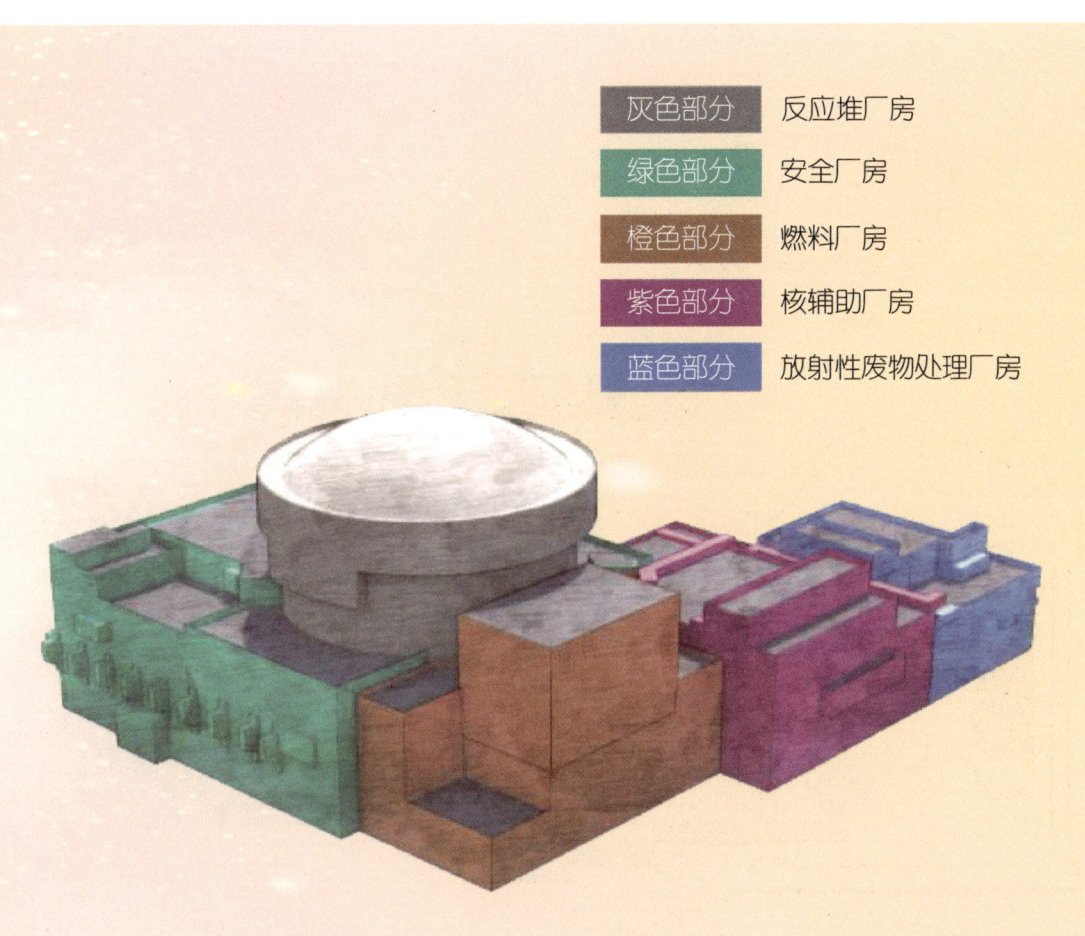

· 核电站厂房分布图

奇妙的能量传递

"华龙一号"压水堆核电站有3个回路系统,它们之间相互独立,通过3个回路的管道进行热交换,完成发电工作。

一回路是核电站最核心的地方,位于核电站堆芯位置,核裂变反应就在这里发生。裂变反应会产生巨大的热量,热量将堆芯的水加热至330摄氏度左右;随后在主泵的推动下,高温高压水流在一个叫作蒸汽发生器的设备里将自身热量传导出去,之后再回到堆芯重新吸收热量。

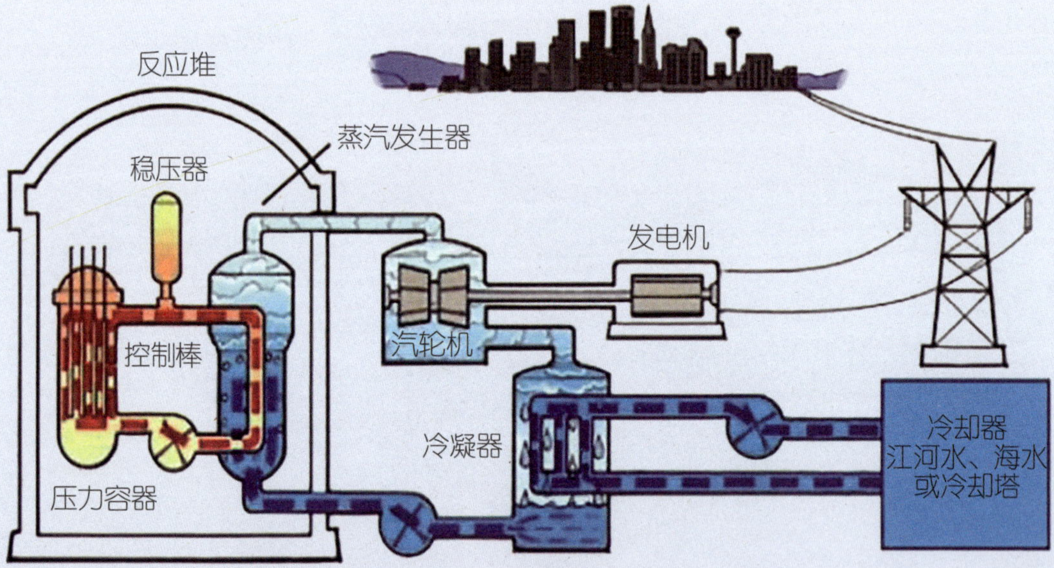

· 核电站三回路热交换原理

一回路中传导出来的热量把二回路的水加热成蒸汽，蒸汽就能推动汽轮机转动发电，之后蒸汽再被冷却剂液化成水。

三回路则是通过水泵将大量冷却水输送到冷凝器中，在冷凝器里带走二回路的蒸汽的热量，让蒸汽冷凝成水。冷却水多使用江河、海水，水泵不停地将水输送进来作为冷却剂，带走热量后被排回江河、海中，这也是核电站需要选在有水源的地方的原因。

· 核电站选址的必备条件

独一无二的中国"芯"

知道了核电站的能量传递方式,核裂变反应又是怎么发生的呢?铀-235原子核在中子的轰击下,会分裂成两个(偶尔3个)较轻的原子核,同时放出两个(有时3个)新的中子并释放出巨大能量,这就是核裂变。裂变产生的新的中子又可以引发新的核裂变,就能持续地发出能量,这个过程叫作链式裂变反应。"华龙一号"就是以铀-235作为核裂变燃料的。

作为拥有完全自主知识产权的中国"芯","华龙一号"的堆芯设计方案是目前世界上独一无二的。反应堆堆芯由燃料组件及相关组件、堆内构件、控制棒驱动机构和反应堆压力容器及其支承、保温层

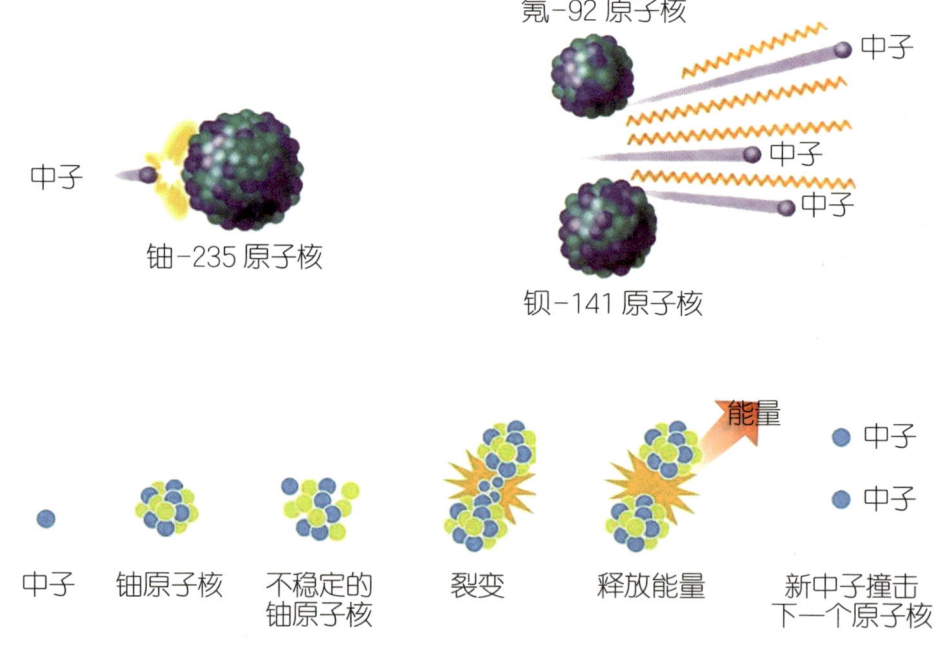

· 铀-235原子的核裂变链式反应

和堆顶结构组成。总之，核电站的发电原理如下：核裂变产生热能，热能产生水蒸气，水蒸气带动转子高速转动，从而产生电能。其实，就是能量传递和转换的过程。

世界上最强的安全铠甲

为保证核电站安全运行，"华龙一号"核电站在选址和安全保障方面有着近乎苛刻的要求。首先，要选择自然条件良好的地区，减少

1 第一层屏障

"华龙一号"使用二氧化铀陶瓷芯块作为核燃料，芯块的设计特征能保证98%以上的放射性物质包含在燃料中，不会被释放出去。

2 第二层屏障

核燃料包壳使用锆合金制造，燃料芯块被密封在锆合金包壳内，能防止放射性物质进入到一回路水中。

3 第三层屏障

由核燃料构成的堆芯封闭在壁厚20厘米的钢质压力容器内，压力容器和整个一回路都是耐高温、高压的，放射性物质不会泄漏到反应堆厂房中。

4 第四层屏障

"华龙一号"反应堆安全壳的最外层被设计为双层结构。有了它，"华龙一号"上可顶住大客机撞击，下可抵御9级以上地震，能在危险中安稳如山。

正常运行的核电站是不会发生泄漏的

五道安全防线

四道实体屏障

· "华龙一号"多层全面的安全屏障

自然灾害对核电站的影响。第二，要远离人口密集地区和各类交通要道。第三，核电站运行需要大量的水，并需及时把电能输送出去，所以它还需要靠近水源和电力负荷中心。

不仅如此，为了防止核燃料外泄，"华龙一号"自身还穿了4层"防护服"！

中国核电从无到有，从小到大，如今已跻身世界第一方阵，惊艳了全世界。我们期待中国核电实现更大跨越！

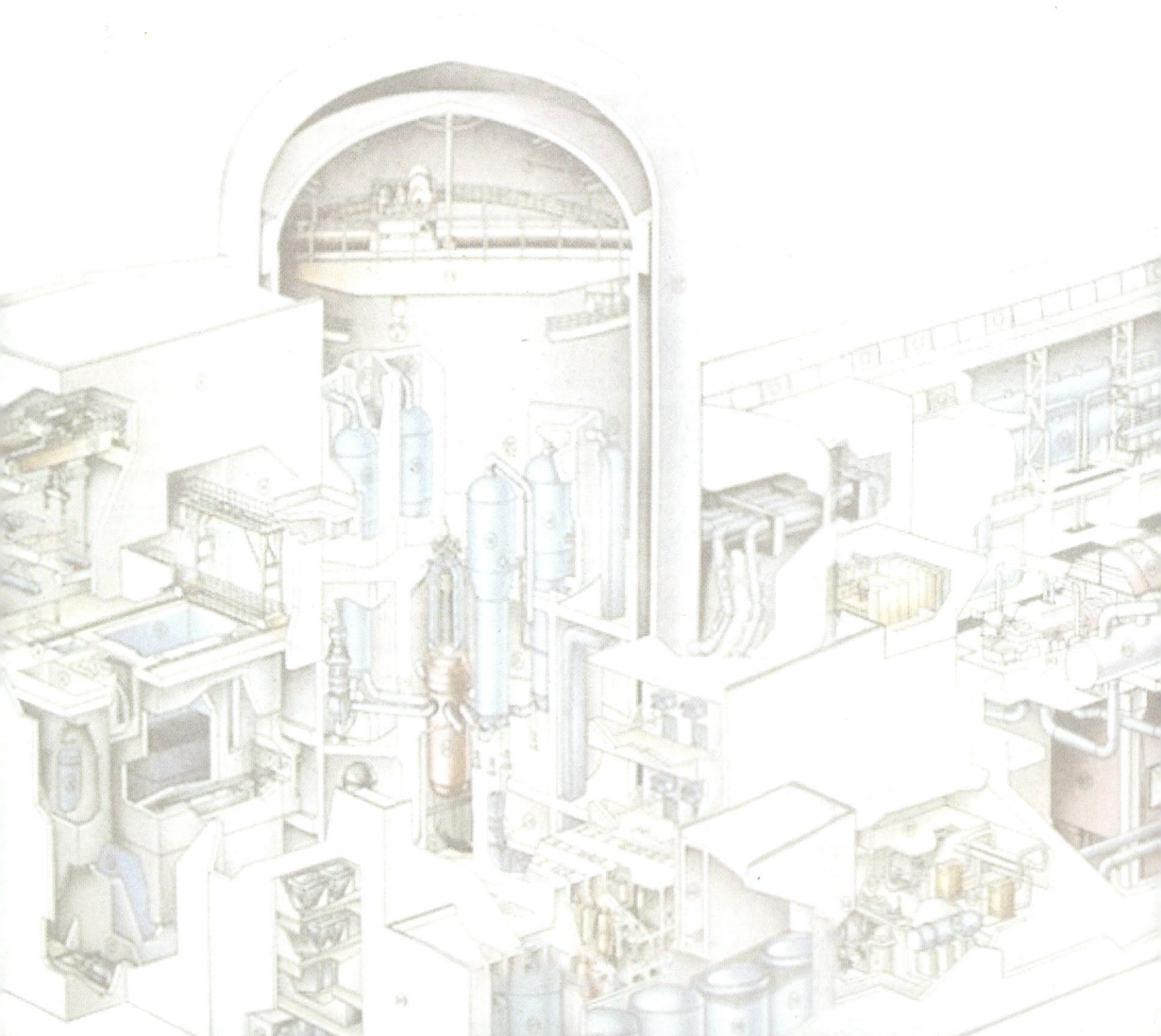

最厚"铠甲"——双层安全壳

实际上,安全壳结构从内到外共有3层。第一层是由6毫米厚的钢板构成的钢衬里包壳,钢衬里从上到下进行连续布置,主要由4部分组成,分别是底板、截锥体、筒体和穹顶,包裹整个反应堆,其单体重量约1200吨、内直径45米、总高度约60米;在包壳外侧有1200毫米厚的预应力高强钢筋混凝土筒体结构,能够在核事故工况下承受高温高压,防止放射性物质泄漏;在其外侧又有1500毫米厚的钢筋混凝土结构,能够抵御外部大型客机的撞击;两层钢筋混凝土筒体结构中形成1800毫米宽的环廊空间区域,在核电站运营状态下,环廊区域一直是负压状态,能进一步确保放射性物质不会泄漏到外部环境中。

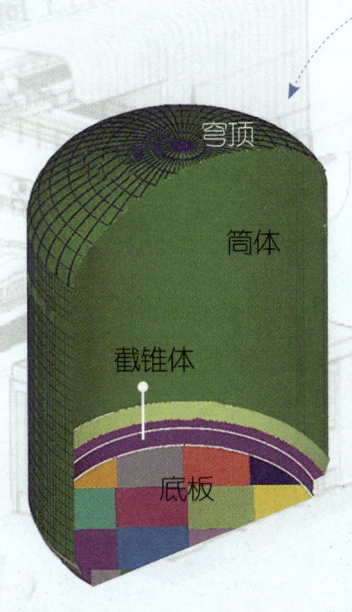

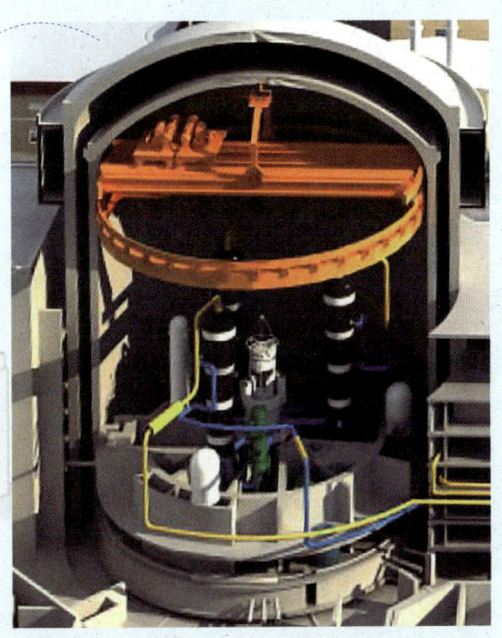

·双层安全壳组成部件

揭秘"深藏"地下的实验室——
江门中微子实验装置

◎图文 / 武建华（中国科学院高能物理研究所）

· 安装中的液闪蒸汽剥离纯化装置

深藏在地下700米的江门中微子实验探测器，是中国为研究中微子而建设的大科学装置。这个神秘的探测器长什么样？它为什么要建在地下那么深的地方？又是如何探测中微子的呢？

浸泡在水池中的探测器

江门中微子探测器位于广东省江门市开平市金鸡镇打石山。为了屏蔽宇宙线，它被安装在地下700米深处，实验厅跨度约50米，是目前中国跨度和土石方量最大的地下实验硐（dòng，山洞）室。

江门中微子探测器是一个有效质量为2万吨的液体闪烁体探测器，比目前国际上最大的液体闪烁体探测器大20倍；设计能量精度为3%，比国外能量精度最佳的探测器提高了1倍。

江门中微子探测器的"十八般武艺"

测量中微子质量顺序。中微子质量顺序决定了中微子的味结构，直接影响中微子与其他物质的相互作用，并在宇宙演化、太阳及超新星中微子的产生与传播中有重要影响。

对中微子混合参数进行精确测量。其精度将比目前实验的精度提高10倍以上。

探测超新星爆发时射出的中微子。超新星爆发时，大约99%的能量在10～30秒内以中微子的形式被发射出来，并产生大量不同能

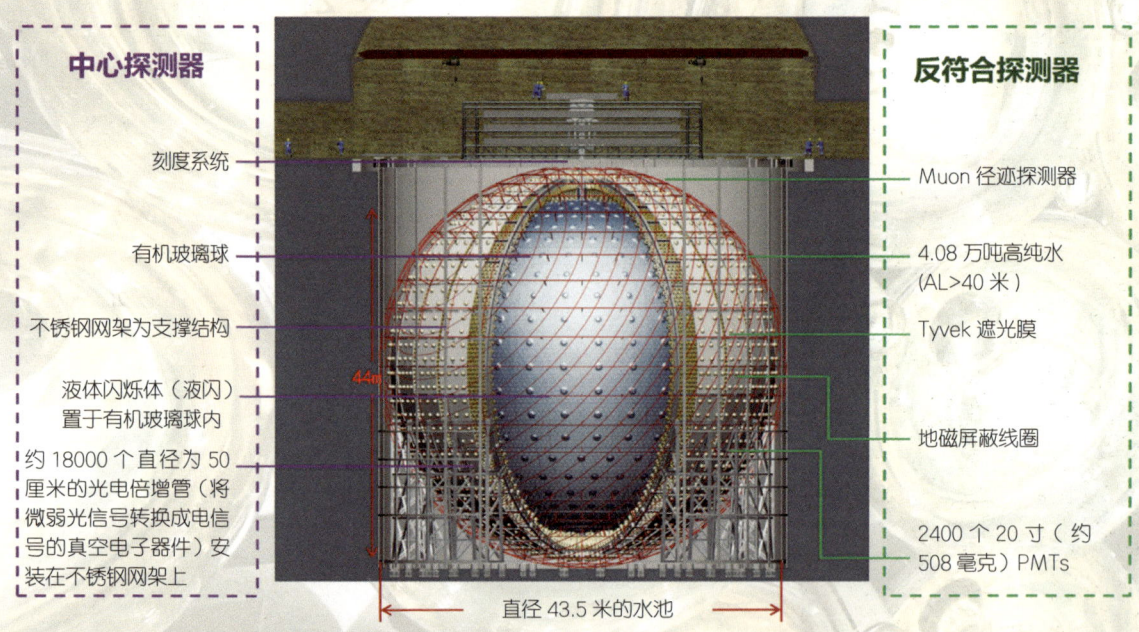

有机玻璃球与网架浸泡在水池中，水池中灌满纯水（化学纯度极高的水）。探测器在网架处被分隔成内外两层，内层为中心探测器，探测中微子信号；外层为水切伦科夫探测器（一种探测设备），探测宇宙线信号并剔除假的中微子信号

· 江门中微子实验探测器示意图

· 建造中的有机玻璃球

量、不同味道的中微子。对于典型的超新星爆发，江门中微子探测器一次可以探测到 5000～8000 个中微子。

有望首次判定地球物理模型。地球内部的铀、钍（tǔ）放射性元素产生的地热是驱动地球演化的主要因素之一。它们衰变产生的中微子被称为地球中微子。不同的地球演化模型预言了不同的铀、钍含量，江门中微子探测器能够更准确地探测地球中微子，有望首次判定地球物理模型（用来研究和解释地球形势、天气和海洋形势等地球特性的科学理论和方法）。

寻找"隐形人"的利器

光电倍增管（PMT）是江门中微子探测器的核心器件之一，被广泛应用于科学研究和工业领域。它像人的眼睛一样，捕捉液闪发出的闪烁光，将其转变成电信号记录下来，再分析是不是由中微子发出的。

液闪既是中微子的靶物质，也是探测中微子的介质。江门中微子探测器的液闪由烷基苯、聚苯醚（PPO）和1，4-二（2-甲基苯乙烯基）苯（bis-MSB）3种物质混制而成。烷基苯是溶剂，PPO是发光物质，bis-MSB是波长位移剂，吸收PPO发出的光并重新发射，将光谱调整到光电倍增管灵敏范围内。

· 已安装的光电倍增管

· 安装中的液闪气体剥离纯化装置

江门中微子探测器使用的液闪，其主要挑战来自极低本底（进行某种检测，如放射性检测等，没有进样时检测器测得或输出的信号值）和极高透明度的要求。在此前的大亚湾核反应堆中微子实验装置（2020年12月正式退役）中使用的液闪，其透明度在当时已是国际上最好的水平，但如果直接用于江门中微子探测器，约70%的光仍旧会损失在液闪中而无法被光电倍增管"看到"。

为进一步提高烷基苯的透明度、降低液闪的放射性本底水平，研究人员为江门中微子探测器精心设计了4套大型纯化设施——先将2万吨的烷基苯"滤"一遍、"蒸"一遍，混制成液闪后再"洗"一遍、"吹"一遍。通过氧化铝过滤吸附杂质，提高烷基苯的透明度；通过蒸馏和水萃，去除液闪的放射性杂质；最后，用气体剥离法去除残存的氡气和氪气。

江门中微子探测器中，直径41米的球形不锈钢网壳是目前中国最大的单体不锈钢主结构，该网壳由预制的H型钢通过12万套高强螺栓拼接而成。其结构制造精度要求连接孔与环槽铆钉的安装间隙不超过1毫米，球形网壳网格拼装精度小于3毫米。

江门中微子探测器于2021年底正式开始安装，2022年6月完成中心探测器不锈钢主结构的安装，2024年11月底建成探测器主体，2024年12月启动灌装，预计2025年8月运行。这个"藏"在地下700米的大科学装置，有望率先精确测量出中微子的质量顺序，同时在地球中微子、太阳中微子等探测中取得一系列重大成果，让我们一起期待吧！

· 安装完成的中心探测器不锈钢网壳结构

"隐形人"——中微子

中微子是构成物质世界最基本的单元之一。它们不带电,质量是电子的百万分之一,与其他物质的相互作用十分微弱,因此中微子如隐形人一般,极难被探测到。从1930年科学家理论预言中微子的存在,到1956年第一次在实验中发现中微子,用了20多年的时间。即便如此,关于中微子仍有许多基本的科学问题未解决。

已探测到的中微子共有3种味道。这里的味道不是口味,而是美国物理学家默里·盖尔曼和德国物理学家哈罗德·弗里奇提出的概念。他们为了区分粒子物理学标准模型中的12种基本粒子,将质量小的粒子叫作"轻味",质量大的粒子叫作"重味"。

3种味道的中微子会相互转化,这被称为中微子振荡。中微子振荡对应3个混合参数——θ_{12}、θ_{23}、θ_{13}。国外科学家先后在1998年、2001年测到了θ_{23}和θ_{12},中国科学家于2012年测到了θ_{13}。